BIBLIOTHÈQUE

Economique.

TOME XLIV.

IMPRIMERIE DE CASIMIR,
rue de la Vieille-Monnaie, n° 12.

CHIMIE

INORGANIQUE,

AVEC

UN VOCABULAIRE

POUR

L'EXPLICATION DES MOTS TECHNIQUES

EMPLOYÉS DANS CET OUVRAGE.

L'instruction est l'amie de tous.

PARIS,

CHEZ DAUTHEREAU,

A LA LIBRAIRIE AU RABAIS,

Grande cour du Palais-Royal, côté du Théâtre-Français, n° 21 *bis*.

1826.

CHIMIE
INORGANIQUE.

PREMIÈRE PARTIE.

GÉNÉRALITÉS.

Lᴀ chimie est une science qui apprend à connaître les corps de la nature, l'action réciproque de leurs élémens les uns sur les autres, à l'aide de deux moyens principaux : *l'analyse* et la *synthèse.*

L'*analyse* a pour but de rechercher quelles lois régissent la composition des corps, afin d'en désunir les élémens constitutifs ; la *synthèse* préside, au contraire, à leur recomposition. La nature nous offre les corps sous trois formes différentes : ils sont solides, liquides ou gazeux ; il y a aussi des corps impondérables. Les corps se composent de *molécules* ou d'*atomes* ; ils sont soumis à deux forces principales. On donne à la première le nom d'*attraction*, c'est-à-dire à la force qui tend à combiner les molécules entre elles ; et à la seconde, celui de *calorique*, ou chaleur, autre puissance qui tend au contraire à séparer les atomes les uns de, autres. C'est au calorique que l'on a recours lorsqu'on veut reconnaître la composition des corps, puisqu'il a la propriété de les désunir. On divise encore tous les corps en *corps simples* et en *corps composés*.

On entend par *corps simples*, tous ceux qui ne résultent que d'une seule espèce de molécules ; ainsi l'or, l'argent, le soufre, sont des corps simples, puisqu'on ne peut en extraire rien autre chose. Les *corps composés* sont ceux dans lesquels on rencontre deux ou plusieurs corps simples. Ainsi un alliage de cuivre et d'argent, ou tout autre alliage, est considéré comme étant un corps composé. Les molécules dont se composent les corps ont également reçu deux noms principaux. On est convenu d'appeler *molécules intégrantes* celles qui constituent un corps simple, et *molécules constituantes* celles dont se forme un corps composé. La force qui tient unies les premières s'appelle *cohésion*; et on désigne par le mot *affinité* la puissance qui réunit les secondes; d'où il suit que l'on peut décomposer les *molécules constituantes*, mais qu'il est impossible de décomposer des *molécules intégrantes*.

J'ai dit que l'attraction unissait les molécules, et qu'au contraire le calorique les désunissait. C'est donc à l'équilibre de ces deux pouvoirs que nous devons les corps dans l'état où la nature nous les présente. Que si maintenant on suppose cet équilibre rompu, et c'est ce qui arrive toujours par les variations de saison et de température, on verra l'eau passer, par l'augmentation du calorique, à l'état de vapeur, et se transformer en glace par la soustraction de ce même calorique.

On a quelquefois confondu ces deux mots, *affinité* et *cohésion*; cependant il est bien important de les différencier, puisque l'affinité agit toujours avec d'autant plus de facilité, que la cohésion offre moins de résistance. La cohésion, d'ailleurs, s'oppose à l'affinité. Dans les liquides où la cohésion est à peu près nulle, l'affinité a lieu à l'aide du simple mélange; si le corps est compact et très-solide, au contraire, la combinaison n'a jamais lieu qu'à l'aide d'opérations secondaires, surtout si cette cohésion l'emporte sur l'affinité. Ce point bien établi, il est facile de prévoir que, pour opérer des combinaisons entre des corps dont la cohésion est forte, on doit recourir à différens procédés. Les plus usités seront la *fusion*, la *trituration* et la *dissolution*. C'est à l'aide de la fusion, par exemple, qu'on allie le cuivre à l'étain, je veux dire en les faisant fondre ensemble; sans cette opération, leur combinaison devient impossible. Il suit de là que la chaleur a diminué la cohésion, et, par cela seul, rendu à l'affinité toute sa puissance. J'appuie plus particulièrement sur ces notions, puisqu'elles constituent la base de l'analyse, moyen le plus certain d'arriver à la connaissance des proportions chimiques dans les corps, problème encore à résoudre pour la plupart d'entre eux.

Une des premières conséquences des lois de l'affinité, c'est l· changement qui s'opère dans les corps; ainsi de l'union du cuivre à l'étain, naît le *bronze*, et l'oxigène uni à l'hydrogène donne naissance à *l'eau*. Ils changent aussi de propriétés; c'est ainsi, par exemple, que de l'union d'un acide à une base salifiable on obtient un sel dont les propriétés physiques et chimiques sont tout - à - fait différentes de celles propres à chacun des deux corps dont il est résulté. Le grand rôle que jouent dans la chimie les lois d'affinité, cette considération, surtout, qu'il existe dans la nature plus de corps simples que de corps composés, et que ceux utiles aux arts sont dans ce cas, a rendu cette propriété l'objet des recherches des savans. Berthollet s'en est occupé avec soin, et M. Davy, célèbre chimiste anglais, paraît avoir le mieux compris à quelles lois l'affinité était soumise, ou plutôt comment et pourquoi elle existait dans les corps.

Il a dit qu'elle dépendait essentiellement de leur état électrique, et ses expériences multipliées n'ont fait que donner une nouvelle sanction à cette vérité. Il faut savoir que l'électricité est divisée en deux fluides; que l'un est *positif*, et que l'autre est *négatif*, en sorte que pour que les corps s'attirent, leurs molécules ont besoin d'être électrisées *positivement* et *négativement*. Ils se repoussent si on les électrise de la même manière. C'est à la tendance que possèdent les corps dont les molécules sont *contrairement* électrisées, de se combiner, que l'on doit l'explication de toutes les affinités qu'il est possible de déterminer.

Tout récemment on vient encore de découvrir un moyen d'opérer une agrégation entre les corps, c'est à l'aide de la *pression* et du froid. C'est par la pression que l'on est parvenu à obtenir à l'état liquide le *chlore*, l'*oxide de chlore*, l'*hydrogène sulfuré*, l'*air atmosphérique*, etc. Cette découverte a été facilitée par des notions qu'on avait déjà ; on connaissait l'effet de la chaleur, combien elle aidait l'affinité dans les solides, en écartant leurs molécules ; on savait aussi que le froid et la pression rapprochant entre eux les corps gazeux, ils devaient naturellement en accroître l'attraction moléculaire. (*Voyez*, pour toutes ces notions de physique, notre *Traité de Physique*.)

Maintenant que j'ai défini, autant que mon cadre a pu me le permettre, ce que c'était que la cohésion et l'affinité, jusqu'à quel point il était utile d'en connaître les effets, afin de déterminer les lois qui régissent la décomposition et la recomposition des corps, je dois parler des *réactifs*. On entend par ce mot, un corps dont la nature bien connue et constatée par l'expérience, exerce une action tellement réciproque sur un autre, qu'il sert à en déceler la présence. On extrait les réactifs des trois règnes, mais c'est surtout parmi les substances minérales et végétales qu'on en trouve un plus grand nombre. Les principaux sont : les *acides*, les *alcalis*, les *sels* et les *infusums des végétaux*. C'est ainsi que l'acide sulfurique est employé pour reconnaître le plomb dans différens liquides ; sur-le-champ il forme un précipité insoluble ; cet acide est le plus fidèle des réactifs pour annoncer la présence de la baryte et de la stroutiane. L'*acide nitrique* sert à reconnaître la présence de l'argent ou du cuivre dans l'or , en recouvrant d'une liqueur bleue le métal essayé s'il contient du cuivre, et en le décapant s'il contient de l'argent ; l'acide nitrique n'a d'ailleurs aucune action sur l'or.

L'acide hydro - chlorique indique la présence des sels à base d'argent, en formant avec leur base (l'argent) un précipité. On emploie l'*acide arsénique* pour constater le soufre dans les eaux minérales ; leur mélange donne lieu à un précipité jaune.

L'*acide oxalique* précipite la chaux de tous les sels calcaires.

Les alcalis employés dans les réactifs sont : la *potasse*, la *soude* et l'*ammoniaque ;* cette dernière substance dissout le cuivre en bleu , et cette dissolution sert à reconnaître la présence de l'arsenic dans l'étain. L'*ammoniaque* seule, est employée pour constater la présence du cuivre dans les alimens, ainsi, en en versant quelques gouttes dans un liquide que l'on soupçonnera cuivreux, on le verra aussitôt, s'il tient du cuivre en dissolution, prendre une teinte bleuâtre très-marquée. On peut l'employer aussi pour découvrir l'alun dans les vins.

La *potasse* et la *soude* précipitent les sels métalliques et terreux, en s'emparant des acides avec lesquels les métaux ou les terres étaient unis.

Suivent maintenant les principaux réactifs : la *baryte*, la *strontiane*, qu'on emploiera avec succès pour indiquer la présence de l'acide sulfurique; *l'eau de chaux* pour déceler l'acide carbonique, phosphorique et oxalique; et le sublimé corrosif, dont elle précipitera en jaune la solution. Le *nitrate de mercure* manifestera la présence de l'huile blanche dans l'huile d'olives en en précipitant un magma épais.

Le *nitrate d'argent* indiquera la présence de l'acide hydro-chlorique, en formant un précipité insoluble; le *sulfate* de fer, celle du tannin et de l'*acide gallique*, par un précipité noir; le *succinate d'ammoniaque* fera distinguer le fer du manganèse, l'*hydrochlorate de platine* précipitera la potasse de ses combinaisons, lequel effet ne sera pas produit si les sels sont à base de soude; le *chlore* s'opposera à l'effet délétère de l'acide *hydro-sulfurique*, qu'il a la propriété de décomposer à l'instant; l'*iode* indiquera l'amidon, par la propriété qu'il a de le teindre en bleu; l'éther servira à séparer les corps gras et les résines des autres substances, par la propriété qu'il possède de les dissoudre : enfin, et pour reconnaître les empoisonnemens, on emploiera l'*ammoniaque* pour indiquer la présence du cuivre; l'*eau de chaux*, pour celle de l'*arsenic*; l'acide *hydro-chlorique*, pour ceux causés par la pierre infernale; le *mercure* ou le *cuivre poli*, pour ceux occasionés par le sublimé corrosif; et la couleur bleue végétale, telle que l'*in-*

fusum de violette, de *fleurs de mauves*, de *tournesol*, le *suc de nerprun*, serviront à indiquer la présence des acides, par la propriété qu'ont ces composés de rougir ces *infusums*.

Le développement de ces principaux réactifs vient de me conduire à exprimer différens mots que l'oreille du lecteur n'est point accoutumée à entendre ; afin donc de l'identifier avec eux, je vais développer ici le nouveau langage chimique, auquel on a donné le nom de *nomenclature*. Avant qu'il n'eût été imaginé, il était presque impossible de s'entendre ; tantôt les composés recevaient le nom de leur inventeur, tantôt leur dénomination se fondait sur l'aspect extérieur de la substance ; une fois que la chimie a reposé sur des bases solides, on est convenu de donner à chacun des corps étudiés un nom fondé sur les élémens dont il était constitué, afin qu'au moins ces noms, qui avaient une signification véritable, pussent se classer dans l'esprit de ceux qui se livraient à l'étude de la chimie. C'est *Guyton de Morveau* qui, en 1780, fut le premier à l'enseigner dans ses cours. Il soumit sa nomenclature à l'Académie, et *Berthollet*, *Lavoisier* et *Fourcroy* furent chargés de prononcer sur elle (1787).

L'impossibilité où on était d'isoler les fluides impondérables, tels que le *calorique*, la *lumière*, l'*électricité*, le *magnétisme*, fit qu'ils conservèrent les noms adoptés par Guyton. Quant aux corps pondérables, ils ne changèrent encore que les dénominations qui n'étaient pas en harmonie avec la pureté du langage, se contentant de les diviser en corps simples et en corps composés. Les langues latine et grecque furent appelées à leur secours. Dans le principe, le nombre des corps simples était peu considérable ; successivement augmenté, il n'est maintenant que de cinquante-deux, quoique susceptible encore de nouvelles augmentations ou de réductions. L'étude de ces corps, soit qu'on les considère seul à seul ou qu'on les combine, forme toute la science chimique Il est vrai que ces cinquante-deux corps ne comportent que ceux que l'on nomme pondérables, les corps impondérables ont été distraits. On a divisé les corps pondérables de la manière suivante : 1° corps *comburens*; l'oxigène, le *chlore*, l'*iode*, le *fluor*; 2° corps *combustibles*, non métalliques, *hydrogène*, *bore*, *carbone*, *phosphore*, *soufre*, *sélénium*, *azote* : les autres, appelés *métaux*, ont été classés suivant leur degré d'affinité pour l'oxigène, en commençant les sections par ceux dont l'affinité est plus grande; ainsi : Première section, corps difficilement réductibles : *magnesium*, *glucinium*, *yttrium*, *aluminium*, *thorinium*, *zirconium*, *silicium* : Deuxième section, métaux qui décomposent l'eau à la température ordinaire : *calcium*, *strontium*, *barium*, *lityum*, *sodium*, *potassium* : Troisième section, métaux qui ne décomposent l'eau qu'à une haute température : *manganèse*, *zinc*, *fer*, *étain*, *cadmium* : Quatrième section, métaux qui ne décomposent pas l'eau, mais susceptibles d'absorber l'oxigène à une haute température : *arsenic*, *molybdène*, *chróme*, *tungstène*, *colombium*, *antimoine*, *urane*, *cérium*, *cobalt*, *titane*, *bismuth*, *cuivre*, *tellure*, *nickel*, *plomb* : Cinquième section, métaux ne s'unissant à l'oxigène qu'à une température déterminée : *mercure*, *osmium* : Sixième et dernière section, métaux inoxigénables : *argent*, *palladium*, *rhodium*, *platine*, *or*, *iridium*.

Les métaux ainsi divisés, on s'est occupé d'assigner à leurs composés des noms distincts ; et, d'abord, on s'est convaincu qu'ils ne se combinaient, dans des proportions différentes, qu'aux quatre agens, *l'oxigène*, *l'hydrogène*, le *carbone* et *l'azote*. Les corps résultant de leur combinaison avec l'oxigène ont reçu le nom d'*oxides*, ou corps brûlés par l'oxigène, et celui d'*acide*, quand ils ont été doués de propriétés que nous déterminerons. Toutes les fois que l'oxigène n'a pu s'unir qu'à une proportion avec un corps, il a simplement reçu le nom d'acide, en y ajoutant celui du corps oxidé ; mais si, au contraire, il était susceptible de s'y combiner en plusieurs proportions, on a donné le nom de *protoxide* au corps parvenu au premier degré d'oxigénation, celui de *deutoxide*, quand il était au second degré, et de *tritoxide* ou *peroxide*, s'il arrivait au troisième. Les acides ont encore un degré d'oxigénation de plus que les oxides, et comme ces derniers sont susceptibles de plusieurs degrés d'oxigénation, on a ajouté la terminaison *ique* au radical, qui n'était susceptible que d'un seul degré d'oxidation ; quand il a pu au contraire se combiner avec l'oxigène dans différentes proportions, on a ajouté la terminaison *eux* à la suite du radical, lorsqu'il n'était arrivé qu'à son premier degré d'acidification, et la terminaison *ique*, quand il était parvenu à un second degré d'oxigénation; ainsi on a dit : *acide borique* pour le premier cas, *acide sulfureux* pour le second, et *acide sulfurique* pour le troisième. Dans ces derniers temps, on a découvert un troisième degré de combinaison de l'oxigène avec les corps combustibles ; mais jusqu'ici l'azote, le phosphore et le soufre en paraissent seuls susceptibles.

Il faut bien se garder de croire que l'oxigène puisse être le seul corps propre à la formation des acides. L'hydrogène, le chlore, l'iode et le fluor, ont également la même propriété. Les acides ont également reçu des noms fondés sur leurs principes constituans. Ainsi on dit : *acide hydro-chlorique, acide hydrioïque*, etc.

Je n'ai, jusqu'ici, parlé que des acides; mais si l'on combine ensemble deux corps brûlés, comme un acide et un oxide, il en résultera bientôt un nouveau composé que l'on nommera *sel*.

On a fondé leurs diverses dénominations sur leurs élémens constitutifs, en variant la terminaison de l'acide selon son degré d'oxidation, et en lui faisant succéder le nom de l'oxide qui servait de base à la formation de ce sel. Si l'acide est en *eux*, on a dit *ite*; on a dit *ate*, s'il était en *ique*. Ainsi l'acide nitreux a formé des *nitrites*, et l'acide nitrique des *nitrates*. Quelquefois il arrive aussi que l'acide est susceptible de se combiner avec les bases salifiables en diverses proportions. Ces variations sont au nombre de trois; la première, avec excès de base; la seconde, dans les proportions convenables pour former un sel neutre; la troisième, avec excès d'acide. On a donné à ces trois variétés les noms de *sous-sel*, *sels neutres* et de *sur-sels*. Il est encore possible de désigner, par un mot composé, à quel degré le métal est oxidé dans le sel, et l'on y parvient en faisant précéder la combinaison des mots *proto*, et *deuto*. Ainsi l'on dira d'un sel neutre, *proto-sulfate* de magnésie, d'un sous-sel, *sous-proto-sulfate de manganèse*; et d'un sur-sel, *sur-deuto-sulfate de potasse*; ce qui indiquera, d'un seul coup d'œil, à quel degré d'oxidation est la base, et dans quelle proportion l'acide est combiné avec elle. Voilà, jusqu'ici, ce que l'on peut dire de plus important sur la nouvelle nomenclature. Cependant ce n'est pas seulement à cela qu'elle se borne; si l'on combine ensemble deux substances métalliques, le composé prendra le nom d'*alliage*; ainsi on dira, alliage de cuivre et d'étain; mais si le mercure entre dans cette combinaison, elle prendra alors le nom d'*amalgame*. Si, par exemple, on combinait ensemble du mercure, de l'or et du cuivre, le mélange s'appellerait amalgame d'or et de cuivre, et amalgame d'or ou de cuivre, si le mercure n'était uni qu'à l'un de ces deux métaux. Si l'on combine maintenant un métal à un corps combustible, cette combinaison prendra la terminaison *ure*, que l'on ajoutera au corps combustible, lequel nom sera suivi de celui de métal. Ainsi, par exemple, si l'on combine du soufre et du plomb, cette combinaison prendra le nom de *sulfure* de plomb, d'*iodure* de *phosphure*, d'*ammoniure*, selon que l'on aura combiné de l'iode, du phosphore ou de l'ammoniaque, avec des métaux.

Les combinaisons gazeuses sont soumises à d'autres règles. On dit *gaz hydrogène sulfuré, carboné, sélénié*, selon que ces combinaisons sont formées d'hydrogène avec le soufre, le carbone, ou le sélénium; de telle façon que le secret du nouveau langage chimique consiste dans la variation des terminaisons.

DEUXIÈME PARTIE.

CORPS IMPONDÉRABLES ET CORPS PONDÉ-
RABLES, COMBURENS ET COMBUSTIBLES;
MÉTAUX, etc.

J'ARRIVE maintenant à l'examen particulier des corps. J'ai déjà indiqué
comment on les divisait; de quel agent
on pouvait se servir pour les isoler et
les reconnaître; sur quoi se fondaient
les dénominations adoptées par les savans. Si on a bien suivi cet examen
succinct, on pourra s'initier plus facilement aux phénomènes dont je vais
tracer l'histoire.

Je n'ai fait que citer en passant le
nom des corps impondérables; il s'agit
de les examiner en détail. On désigne,

sous ce nom, tous ceux qui n'ont point encore pu être saisis, partant qui ont résisté à l'analyse. Tels sont le *calorique*, la *lumière* et l'*électricité*. Le magnétisme entre bien aussi dans cette catégorie, et je n'en parlerai qu'autant que mon cadre le permettra, à cause de son peu d'importance.

Le *calorique* et la *lumière* ne sauraient guère être séparés; bien que leurs effets sur les corps soient souvent bien différens, ils n'en sont pas moins succédanés l'un à l'autre. Ils pénètrent également les corps; leur pesanteur est inappréciable : on connaît seulement la vitesse des rayons lumineux; on a calculé qu'ils parcouraient soixante et dix-sept mille lieues par seconde. Quant au calorique qui les accompagne, sa marche est égale, c'est-à-dire qu'où la lumière se développe, la chaleur vient bientôt apparaître; la combustion développe la lumière, et toutes les substances deviennent lumineuses à la chaleur rouge, les gaz exceptés.

La lumière est douée aussi de la propriété de décomposer l'acide nitrique ;
elle agit de la même manière sur l'oxide d'argent, en réduisant le métal. Les
rayons solaires, dirigés sur un mélange
d'hydrogène et de chlore, produisent
une explosion violente. L'influence de
la lumière sur les végétaux et les animaux est également très - remarquable. Les fleurs s'étiolent dans les caves,
c'est-à-dire qu'elles sont sans couleur,
et on les voit s'étendre du côté où quelque clarté se manifeste. L'incarnat des
fleurs est dû à l'effet réuni de la chaleur et de la lumière ; mais sur les couleurs fixées, soit sur le papier ou sur
les habits, la lumière a un effet tout
contraire, elle les décolore. Sur les
animaux, son action n'est pas moins
remarquable. On sait que, privés de
chaleur et de lumière, ils languissent,
leur chair devient molle, et parmi
ceux destinés à nos tables, elle est infiniment moins savoureuse. L'identité
qui existe entre la chaleur et la lu-

mière a donc pu les faire considérer comme des modifications d'un même principe.

Le calorique, considéré dans tous ses rapports, est un fluide élastique d'une ténuité extrême et susceptible de se mouvoir sous forme de rayons. On le connaît sous trois états principaux qui sont : le *calorique rayonnant, spécifique* et *latent*.

Le *calorique rayonnant* est celui qui s'élance de toutes les parties d'un corps chaud, et dont les rayons traversent l'air avec la plus grande rapidité. Si ces rayons tombent sur un corps poli, il n'y en a presque pas d'absorbés, ils sont presque tous réfléchis ; mais le corps offre t-il des inégalités, il s'é-chauffe alors très-sensiblement. Ainsi, si l'on expose deux vases à surface très-lisse dans une même atmosphère, ils restent à la même température ; que si au contraire on vient à dépolir une des deux surfaces, aussitôt cette der-

nière s'échauffera en absorbant le calorique rayonné par l'autre.

Le *calorique spécifique* est celui
qu'absorbent les différens corps pour
s'élever d'un même nombre de degrés.
MM. Lavoisier , de Laplace et Dulong
ont prouvé que cette absorption était
relative suivant les corps ; que , par
exemple , une livre de mercure à 0° et
une livre d'eau élevée à 34° donnaient
un mélange à 33°; d'où il résulte que
la somme de chaleur qui élève l'eau
d'un degré , peut élever le mercure
de 33°.

Le *calorique latent* est celui qui
semble faire partie constituante des
corps et qui n'est pas sensible à nos
instrumens. La fusion des métaux, la
résolution de la glace en eau , en sont
des preuves évidentes. Que l'on prenne
deux livres de neige à 0° et qu'on la
mélange à une quantité égale d'eau à
75°, on obtiendra quatre livres d'eau,
marquant zéro au thermomètre; ce qui
prouve évidemment que la glace a

rendu *latens* ou cachés les 75° de calorique de l'eau employée.

Une des propriétés propres au *calorique*, est la tendance qu'il possède de se mettre en équilibre avec tous les corps. On sait qu'il suffit de mettre en contact deux corps d'une température différente pour que le plus froid s'échauffe au dépens de l'autre jusqu'à ce que l'équilibre soit établi , d'où résultent les deux sensations que nous connaissons sous le nom de *froid* et de *chaud* ; sensation qui cesse aussitôt que l'équilibre est rétabli entre eux. Indépendamment de cette propriété , le calorique est encore doué de la faculté de se propager avec assez de promptitude. Si l'on soumet à l'action du feu une barre de métal, les parties les plus voisines de son contact avec le foyer s'échaufferont d'elles - mêmes de sorte que la température ira en décroissant à partir du fourneau ; mais si on fait l'expérience avec de la cire, du bois ou du charbon l'extrémité opposée à celle soumise au feu ne changera pas de température, tandis que l'autre sera en fusion ; ce qui tend à prouver que tous les corps ne sont pas également *bons conducteurs* du calorique. En effet, cette propriété paraît être en sens inverse de la densité des corps. Les liquides conduisent mal le calorique, les gaz ne le propagent aucunement.

Le calorique, en traversant et en s'interposant entre les molécules des corps, les dilate et les fait augmenter de volume, rend liquides ceux qui sont solides, et gazeux ceux qui étaient liquides ; mais si on soustrait ce fluide, ils reprennent bientôt leur état primitif ; les molécules qui étaient écartées se rapprochent, et le calorique se dégage.

L'électricité est d'une origine fort ancienne, du moins si on peut donner ce nom à cette propriété de repousser et d'attirer les corps légers que les Grecs avaient remarqué dans le succin

(en grec *electron*) , lorsqu'ils avaient frotté cette substance. Ce qu'il y a de certain , c'est que jusqu'à Volta , on n'avait point isolé ce fluide, et qu'il y est parvenu à l'aide d'un instrument auquel on a donné le nom de *Pile-Voltaïque*. Cet instrument a la propriété de séparer les corps composés en deux parties dont l'une va se rendre au pôle positif et l'autre au pôle négatif en sens inverse de la manière dont ils sont électrisés. Tous les corps jouissent d'une propriété électrique quelconque seulement à des degrés différens. Les corps qui sont plus facilement oxidables s'électrisent plus facilement aussi , de sorte que l'oxigène est le type de l'électricité négative ; aussi l'eau soumise à l'influence de ce fluide est-elle bientôt décomposée ; l'oxigène vient se rendre au pôle positif, l'hydrogène au pôle négatif. Dans les solutions salines soumises à la pile, on remarque que l'acide du sel et l'oxigène de l'eau sont attirés au pôle positif, et que l'hydro-

gène et l'alcali se rendent au pôle op-
posé. Quant aux théories admises sur
l'électricité, les opinions out été par-
tagées. M. Davy, et après lui Berzélius et Ampère, out été conduits à
rechercher jusqu'à quel point les molécules des corps pouvaient avoir une
électricité propre à chacune d'elles.
Ils en ont tiré des inductions fort
ingénieuses sans doute, mais, comme
jusqu'ici on ne les a considérées que
comme des hypothèses, il faut atten-
dre quelque temps encore avant de
les consacrer ; je terminerai cet article par la description de la pile de
Volta.

La pile de Volta se compose d'une
série d'élémens métalliques. On prend
plusieurs plaques circulaires de zinc et
de cuivre, qu'on soude dans les dispo-
sitions suivantes : une plaque de zinc
et une plaque de cuivre ; ces paires de
deux métaux sont placées horizontale-
ment et de champ, dans une pièce de
bois. Entre ces plaques, on place des

corps non *conducteurs*, soit du carton ou du drap, et on le mastique avec un mélange approprié afin de les isoler ou de les assujettir; ensuite on verse de l'eau acidulée par l'acide nitrique, entre les paires de plaques. Il faut avoir soin de renouveler souvent l'eau qui cesse d'être conductrice de l'électricité, aussitôt qu'elle s'est saturée sur les métaux. Maintenant, en plaçant deux conducteurs métalliques terminés par des fils de laiton, à chacun des pôles, c'est-à-dire aux extrémités de la pile, le côté *cuivre* de la pile sera le pôle négatif, et agira comme désoxigénant, c'est-à-dire qu'il séparera l'hydrogène de l'eau, réduira les alcalis à l'état métallique, et le côté zinc ou pôle positif, agira comme oxigénant, ou séparera, par exemple, l'hydrogène de l'eau. Afin d'obtenir des effets très-violens, on devra préparer de grandes piles composées de plaques très-minces; on pourra même en faire communiquer plusieurs entre

elles , c'est ce que l'on nomme *batteries*. L'abbé Zamboni a imaginé aussi
une pile électrique , composée de pa-
piers revêtus d'or et de zinc et su-
perposés à sec : elle est presque sans
usage.

Après avoir parlé des corps non pondérables, examinons les corps simples
pondérables, en procédant, comme le
fait M. Thénard, des élémens connus à
ceux non encore étudiés, avec lesquels
ils se combinent. Les corps simples,
comme je l'ai dit, sont en grand nombre ; les uns peuvent être appelés des
corps *comburens* , et les autres corps
combustibles. Les corps comburens
sont doués de la propriété de produire
la combustion en s'unissant avec d'autres ; ils sont au nombre de quatre,
savoir : l'*oxigène* , le *chlore*, l'*iode* et
le *fluor*.

L'*oxigène* est un gaz qui a la propriété de s'unir avec tous les corps
simples pour former des acides et des
oxides. Il entre comme élément de

l'air et de l'eau ; il est nécessaire à la vie. Il se combine en plusieurs proportions, soit avec un, deux, et quelquefois même trois corps à la fois. M. Berzélius a dit de ce gaz qu'il est le point central autour duquel se meut toute la chimie. On extrait l'oxigène du peroxide de manganèse à l'aide de la chaleur. L'absorption de l'oxigène par la flamme tend à l'augmenter. Ainsi, lorsqu'à l'aide d'un soufflet nous dirigeons le vent sur un corps combustible, nous ne faisons rien autre chose que de pousser l'oxigène à sa surface. Si l'on veut avoir une preuve de cette vérité, il suffit de mettre, dans un flacon rempli d'oxigène, une tige de fer en spirale, portant un morceau d'amadou allumé ; aussitôt l'amadou brûlera vivement, le fer entrera en ignition et produira une lumière vive. En retirant le fer oxidé par cette opération, si on a tenu compte de son poids, on le trouvera augmenté du poids de l'oxigène employé dans cette opération. L'oxigène est sans odeur, sans couleur, et constamment à l'état gazeux ; sa pesanteur spécifique est de 1,026, l'air étant considéré comme unité.

Le *chlore*, autrefois considéré comme un acide, et appelé *acide muriatique oxigéné*, est maintenant un corps simple. Il se prépare en faisant chauffer dans l'eau un mélange de peroxide de manganèse en poudre et d'acide hydrochlorique étendu d'eau. Il se combine avec l'oxigène pour former un oxide ; il forme un acide avec l'hydrogène. Il donne naissance à l'acide hydro-chlorique. On l'emploie au blanchîment des toiles, des estampes, de la pâte du papier : il a de plus la propriété d'enlever les taches d'encre ; on l'a également destiné à désinfecter l'air corrompu. Son odeur est désagréable et pénétrante ; on ne pourrait le respirer sans danger. Sa pesanteur spécifique est de 2,421.

L'*iode* est sous forme solide à la température ordinaire; à 60° du thermomètre, il se transforme en vapeurs violettes : il a une grande analogie avec le *chlore*. Comme lui, il se combine avec l'oxigène pour former l'acide *iodique*, et avec l'hydrogène pour former l'acide *hydriodique*. Il se combine avec plusieurs corps simples non métalliques, et avec presque tous les métaux, pour former des *iodures*. On l'extrait au moyen de l'acide sulfurique versé sur les *varechs*. On le rencontre aussi dans les éponges et dans la plupart des mousses qui croissent sur le bord de la mer. Il est employé dans les goîtres. Le docteur Coidet, médecin de Genève, est le premier qui l'ait mis en usage.

Fluor radical présumé de l'acide fluorique. On n'est pas encore parvenu à l'isoler parfaitement. Les chimistes sont partagés sur la question de savoir si son principe acidifiant est l'oxigène ou l'hydrogène.

A la suite des corps *comburens* viennent se ranger les corps *combustibles* ;

ce sont ceux qui ont la propriété de s'unir à l'oxigène et aux corps que nous venons d'examiner, pour former des oxides et des acides. Ils sont non métalliques, terreux alcalins et métalliques ; les premiers sont au nombre de sept, que je vais décrire tour à tour.

Hydrogène, autrefois *air inflammable*, découvert par Cavendish. Il entre dans la composition de l'eau combiné à l'oxigène ; les proportions sont de 8,890 en poids de ce dernier, et de 1,110 d'hydrogène ; aussi nomme-t-on en chimie l'eau *protoxide d'hydrogène* ; quand l'oxigène domine, on appelle le liquide, *eau oxigénée*. Les matières végétales sont toutes composées d'oxigène, d'hydrogène et de carbone : il s'unit de plus au soufre, au phosphore, etc., comme je l'ai dit précédemment en traitant de la nomenclature. C'est de l'eau que l'on extrait le plus facilement l'hydrogène, en faisant réagir l'acide sulfurique sur du fer ou du zinc, déposé dans ce liquide. On doit à ce phénomène l'idée de lampes fort ingénieuses, qui sont alimentées par l'hydrogène. Ce gaz s'échappe par un tube placé à la partie inférieure du vase qui surmonte la lampe; on lui fait traverser du platine à l'état d'éponge métallique, qui a la propriété de favoriser sa combinaison avec l'oxigène et de le faire enflammer.

Depuis que l'on s'est servi, pour l'éclairage, du gaz hydrogène carboné, on l'a extrait de la houille, ou du charbon de terre, et quelquefois des semences huileuses, et de l'huile même. Obtenu par la combustion de ces différentes matières, il est impur; on le fait passer au travers d'un lait de chaux, et ensuite de l'eau pure, afin de le laver; plus léger que l'eau, il vient se rendre à sa surface, et de là se distribue par des conduits pratiqués pour le service public. L'hydrogène est beaucoup plus léger que l'air; c'est sur cette propriété qu'est fondé l'usage

qu'on en fait pour remplir les aréos-
tats.

Tout combustible qu'il est , il n'en
est pas moins impropre à la vie et à la
combustion. Nous venons de voir
qu'un courant de gaz hydrogène , en
contact avec une éponge de platine ,
avait la propriété d'échauffer le métal
au point de l'enflammer. Ce phénomène a lieu à la température ordinaire
avec le platine et le rhodium ; il se
manifeste aussi avec quelques autres
métaux , mais il faut qu'ils soient à une
température de 40 à 50° ; il y a toujours formation d'eau, comme il arrive
aussi toutes les fois que l'on combine
l'hydrogène avec l'oxigène. L'étincelle
électrique favorise aussi parfaitement
la combinaison de ces deux gaz. L'hydrogène est un gaz incolore , inodore
et insipide quand il est pur ; sa pesanteur est de 0,073 , l'air étant toujours
considéré comme unité.

Bore , substance solide , insipide ,
inodore et pulvérulente, formant , avec

l'oxigène, de l'acide *borique*, extrait de ce dernier corps au moyen du sodium et du potassium.

Carbone. C'est du charbon dans l'état de pureté, c'est-à-dire moins de l'hydrogène et de la cendre : le diamant est du charbon dans son plus grand état de pureté et cristallisé ; ce fait résulte de nombreuses expériences tentées par les plus célèbres chimistes. On extrait le carbone de la résine, du bois et de la houille : suivant M. Davy, il n'est jamais pur, et contient cinq pour cent d'hydrogène. Le carbone se combine à l'oxigène, et donne naissance, suivant la proportion d'oxigène, à un oxide et un acide. Il se combine également à l'hydrogène, au soufre, à l'azote, au fer, au cuivre, etc. Les usages du charbon sont infiniment nombreux ; il peut servir à assainir les viandes qui commencent à se putréfier ; combiné au soufre et au nitre, il forme la poudre à canon ; et enfin il est placé, par mille usages, au rang des corps les plus utiles.

Phosphore dérive de deux mots grecs qui signifient *porte-lumière*. Exposé au contact de l'air, il est lumineux dans l'obscurité ; par le frottement, il s'enflamme : c'est sur cette propriété que sont fondés les *briquets phosphoriques*. Il affecte diverses couleurs, c'est-à-dire qu'il est tantôt noir, tantôt blanc, et quelquefois jaune ; toutefois sa couleur ordinaire, quand il est récent, est le blanc jaunâtre. On l'a long-temps extrait de l'urine, en la faisant dessécher, et chauffant fortement le résidu dans une cornue de grès, dont le col allait se rendre dans l'eau : depuis que l'on a reconnu qu'il existait dans les os des animaux, on l'en extrait avec plus d'avantage. Il est susceptible de se combiner avec l'hydrogène, le carbone, l'azote, le chlore, l'iode, le soufre et une certaine quantité d'oxides métalliques et de bases. Il brûle rapidement dans l'oxigène pur, et

donne naissance à de l'acide phosphorique. Sa combinaison avec l'hydrogène produit le gaz hydrogène *phos-
phoré*, qui s'enflamme spontanément
par son contact avec de l'air. Les feux
follets, qui causent tant de terreur aux
habitans des campagnes, ne sont rien
autre chose que de l'hydrogène phos-
phoré. Ils se montrent en effet dans les
cimetières, près des marais, et résultent de la décomposition des os, de la
matière cérébrale et des graisses; substances composées d'hydrogène, d'oxigène, d'azote, de carbone et de phosphore.

Soufre. De même que le phosphore
il a été considéré comme un corps simple; cependant on a cru qu'ils con-
tenaient tous les deux une petite
quantité d'hydrogène. Le soufre est
abondamment répandu dans la nature; on l'y rencontre à l'état natif
et combiné avec une grande quantité
de métaux. Il en facilite l'exploitation;
aussi l'a-t-on nommé *minéralisateur*.

Il existe aussi dans quelques eaux minérales; celles d'Enghien, de Baréges, lui doivent leur odeur. Il se rencontre aussi dans quelques plantes de la famille des crucifères et dans les blancs d'œufs. Le soufre pur est sans odeur à la température ordinaire; pressé dans la main, il fait entendre un cri qui lui est particulier. Au-dessus de 100° du thermomètre, il se fond; si l'on augmente la chaleur, il se réduit en gaz; et si on interrompt le contact de l'air pendant cette opération, et qu'on le laisse refroidir, il se volatilise en cristaux soyeux, qu'on nomme *fleurs de soufre*. Brûlé dans l'air atmosphérique, il se combine avec l'oxigène de l'air, et donne naissance à de l'acide sulfureux, qui, volatil, s'y disperse; c'est à l'acide sulfureux que l'on doit cette odeur vive et pénétrante que l'on remarque lorsque l'on brûle des allumettes. Combiné à l'hydrogène, il donne naissance à un acide appelé *hydro - sulfurique*, dont l'effet est si violent, que, mélangé même en très-faible portion à l'air atmosphérique, il donne la mort. Le soufre se trouve en grande quantité au Brésil, en Sicile et à Naples.

Sélénium. M. Berzélius, qui l'a découvert dans le soufre des pyrites de Falhun en Suède, le range indifféremment parmi les métaux ou au nombre des corps combustibles non métalliques. On l'extrait habituellement du sédiment qui se dépose dans les chambres de plomb, où l'on fabrique l'acide sulfurique. Sa couleur est à peu près semblable à celle du plomb. Chauffé, il s'unit à l'oxigène. Il peut également se combiner à l'hydrogène, au soufre et au phosphore ; il est en général peu usité.

Azote. Ce gaz inodore, incolore et insipide, découvert par Lavoisier, est impropre à la combustion et à la respiration. Aussi les corps en ignition mis en contact avec lui s'éteignent-ils instantanément, et les animaux soumis à son influence sont-ils bientôt frappés de mort. Ce gaz forme les quatre cinquièmes de l'air atmosphérique; il ne sert, dans ce dernier fluide, qu'à tempérer l'influence de l'oxigène sur nos organes. On l'extrait de l'air atmosphérique à l'aide du phosphore. Ce gaz est la base de toutes les substances animales.

Air atmosphérique. Ce fluide, au milieu duquel nous vivons, dont la principale propriété est d'entretenir la vie, est un composé d'oxigène et d'azote, dans les proportions de vingt et une partie du premier de ces gaz, et de soixante-dix-neuf du second. Il est sans odeur, pesant, élastique, et se décompose dans les deux phénomènes de la combustion et de la respiration. On en acquiert la preuve en faisant brûler sous une cloche de verre une bougie; elle ne tarde pas à s'éteindre, et les gaz restant dans le vase sont reconnus être, en les soumettant aux expériences chimiques, de l'azote et de l'acide carbonique. Voilà pour la combinaison. Mais si l'on dirige sous une cloche un tube et que l'on respire l'air atmosphérique que la cloche contient, en le remplaçant par le gaz que renferment les poumons, et qu'après l'absorption de l'air atmosphérique, on examine le gaz nouveau contenu dans la cloche, on n'y trouvera aussi que de l'acide carbonique et de l'azote ; ce qui tend à prouver ce que j'ai dit, savoir : que la combustion et la respiration d'écomposaient l'air atmosphérique. Il est mauvais conducteur du fluide électrique ; aussi l'électricité, en le traversant, produit-elle des étincelles. Il est sans action sur les métaux de la sixième section ; mais son influence est très-remarquable sur les couleurs ; c'est en exposant à son action les toiles, la soie et quelques autres tissus écrus, qu'ils blanchissent et deviennent plus propres à nos usages.

Ammoniaque, alcali volatil fluor. M. Davy a supposé que l'oxigène pouvait être l'un de ses principes consti-

tuans, et qu'alors l'hydrogène et l'azote ne seraient que des oxides *d'ammo-
nium*. On l'obtient en décomposant
l'hydro-chlorate d'ammoniaque par la
chaux. Il s'échappe sous forme de gaz
et se dissout parfaitement dans l'eau.
Il a la propriété de se combiner avec
les acides pour former des sels , et aux
métaux pour faire des ammoniures
dont quelques-uns, ceux d'or, d'argent,
de platine, de mercure , détonnent
avec tant de violence, qu'on leur a
donné le nom de *poudres fulminantes*. On prétend que cette détonation
n'est due qu'à la présence de l'*acide
fulminique* formé dans cette combinaison, au moment où il s'unit avec
des bases. L'ammoniaque est employée
en médecine et dans les arts.

Cyanogène. C'est le radical de l'a-
cide hydro-cyanique : à l'état d'acide,
il agit avec une telle violence sur l'é-
conomie animale, que, respiré, il donne
instantanément la mort. On l'extrait
du bleu de Prusse ; mais le *cyano-*

gène s'obtient de l'hydro - cyanate de mercure.

Après les corps simples que je viens de décrire avec quelque soin, à cause de leur influence, viennent se placer une série de corps que de récentes découvertes ont rangé parmi les métaux, bien qu'ils ne fussent encore, pour la plupart, connus qu'à l'état d'oxides. Ces substances sont au nombre de sept; elles sont appelées : *silicium, zirconium, aluminium, yttrium, thorinium, glucinium* et *magnésium*. Si l'on en excepte le silicium et le zirconium, les autres n'ont point encore pu être isolés de l'oxigène, tant leur affinité pour ce gaz est grande; quoiqu'ils aient été nommés métaux, ils n'en sont pas moins compris dans les corps combustibles terreux. Viennent ensuite les corps combustibles *alcalins*, également appelés métaux. Ils sont au nombre de six, savoir : le *calcium*, métal de la chaux, découvert par M. Davy; le *strontium*, extrait de *la strontiane*, par le même chimiste ; le *barium*, obtenu de la baryte ; le *sodium*, métal de la soude, dû au chimiste anglais, mais, depuis, l'objet des recherches fort savantes de M. Thénard ; le *potassium*, également obtenu par M. Davy ; c'est l'un des plus curieux et des plus importans ; enfin, le *lithyum*, découvert par M. Arfwedson, dans une mine d'Utô, en Suède, extrait de la *pétal te* et de la tourmaline verte. Ce dernier est l'un des plus puissans alcalis que l'on connaisse.

Les métaux proprement dits figurent dans l'ordre que nous avons accueilli, immédiatement après ces substances ; nous entrerons à leur égard dans un peu plus de détails.

Amenés à leur plus grand état de pureté, les métaux sont des corps combustibles simples, très-pesans, opaques, plus ou moins ductiles, ténaces, sonores, durs, brillans, élastiques, et très-bons conducteurs du calorique et de l'électricité. Combinés avec l'oxi-

gène, ils forment des oxides qu'on appelle *alcalis*, *terres* ou *oxides*, selon
que le métal se trouve dans l'une des
séries qui viennent d'être présentées.
Comme je l'ai dit en parlant de la nomenclature, on les divise en sections.
Ils sont susceptibles de s'allier entre
eux plus ou moins facilement, et de
former des composés doués de propriétés diverses. Quelques-uns cependant
se repoussent. Ainsi, jamais le plomb
ni le mercure ne peuvent être alliés au
fer; tandis qu'au contraire cet alliage
ou amalgame s'opère avec facilité si
on le met en fusion avec l'or, l'argent, etc. : ils sont susceptibles de cris-
talliser. La ductilité, la fusibilité des
métaux, sont changées par leurs alliages, au point que si, par exemple, l'on
allie huit parties de bismuth, cinq de
plomb, trois d'étain, on obtient un
alliage nommé *alliage fusible de Dar-
cet*, qui se fond dans l'eau bouillante,
quoique chaque métal séparément ne se
fonde qu'à une chaleur infiniment plus

élevée. Mieux les métaux s'allient ensemble, plus ils deviennent fusibles par leur réunion. L'*étamage* et le *plaquage* sont aussi des espèces d'alliages fort importans dans les arts. Le fer-blanc n'est autre chose que du fer recouvert d'étain. Le cuivre, revêtu d'argent, fournit cette immense quantité de vaisseaux à l'usage domestique, que l'on connaît sous le nom de *plaqué*. La fusibilité des métaux en a fait introduire l'usage pour la *brasure* et la *soudure*. C'est au moyen de cette dernière opération qu'on réunit ensemble les tuyaux de plomb, en employant l'étain plus fusible que lui ; à l'aide de la brasure, on parvient aussi à réunir ensemble des morceaux de fer ; enfin c'est au moyen de cuivre, dont on opère la fusion par le borax. Terminons ces généralités par un tableau de la fusibilité des métaux.

TABLEAU INDICATIF

DU DEGRÉ DE FUSIBILITÉ DES MÉTAUX.

Le mercure se fond à.	39°	Thermomètre centigrade.
L'arsenic.	180	
L'étain.	192	
Le bismuth.	2c2	
Le plomb.	247	
Le tellure.	249	
Le zinc.	182	
L'antimoine.	378	

Le cuivre.	27°	Pyromèmètre de Vedgewood.
L'argent.	28	
L'or.	32	
Le cobalt.	1,25	
Le nickel.	1,60	
Le fer.	1,30	
Le manganèse. . . .	1,60	
Le tungstène. . . .	1,70	
Le platine.	1,72 *	

* Guyton de Morveau a réduit ces dernières quantités comme trop élevées.

Or. La rareté, l'inaltérabilité de ce métal l'ont fait employer à être le signe représentatif des valeurs. Il cristallise en pyramides quadrangulaires. On l'extrait de différens lieux. Le Pérou et le Mexique en fournissent des masses abondantes ; on prétend que quelques fleuves en roulent de certaines quantités. On le sépare de sa gangue en l'amalgamant au mercure. Cet amalgame, soumis à la distillation, donne pour résidu l'or, par la propriété qu'a le mercure de se volatiliser. Il peut s'unir au soufre, et se dissoudre dans le chlore aqueux, par la décomposition de l'eau. Ce procédé donne naissance à l'hydro-chlorate d'or. Plus habituellement, pour cette opération, on le dissout dans l'acide nitro-hydro-chlorique, que les anciens alchimistes appelaient *eau régale.*

L'or amené à l'état d'oxide, c'est-à-dire en décomposant son hydro-chlorate par la baryte, est employé comme anti-siphilitique. On en peut former une *poudre fulminante*, extrêmement dangereuse à préparer, en opérant la décomposition de l'hydro-chlorate par de l'ammoniaque pure. Dans cet état, le moindre degré de chaleur, où la moindre pression détermine une explosion aussi violente que subite. M. Pelletier a trouvé le moyen de le réduire en poudre, en décomposant le nitro-hydro-chlorate d'or, dissous par le proto- sulfate de fer. L'or se précipite à l'état d'extrême division, et le fer s'empare de l'oxigène qui était combiné à l'or dans la composition du sel. Il est peu employé en médecine, et toutes les liqueurs au fond desquelles on en aperçoit des feuilles, ne retirent de lui aucunes propriétés.

Platine. Son nom est dérivé de *plata*, qui, en espagnol, signifie argent. On pensait qu'il n'existait qu'en Amérique, dans les mines d'or, jusqu'au jour où M. Vauquelin en a rencontré dans une mine d'argent de l'Estramadure. On l'en sépare encore au moyen du mercure, qui s'empare de l'or et le laisse seul; on le trouve allié à plusieurs métaux; on les sépare à l'aide de sa dissolution dans l'acide nitro-hydro-chlorique. Afin de pouvoir le travailler, on l'allie à l'arsenic, ou on le mêle au charbon. Il est employé pour la fabrication des vases, creusets, capsules, etc., destinés aux expériences chimiques. On a craint un instant qu'il ne pût être utilisé pour l'altération des monnaies, mais l'analyse chimique découvrirait bientôt cette fraude.

ARGENT. Lorsqu'il est à l'état natif, on l'extrait de sa mine en l'amalgamant au mercure et en distillant. Combiné au soufre, à l'arsenic, on le grille, puis on le mêle au plomb, qui, soumis à un feu vif, s'oxide en litharge. On l'emploie pour un nombre infini d'usages. Pour argenter le cuivre, il suffit de décaper ce dernier, d'y appliquer des feuilles d'argent et de frotter au brunissoir. On argente aussi, en se servant de l'amalgame avec le mercure. Il se combine à différens acides. Le sulfate, acide d'argent, se prépare directement avec l'acide sulfurique concentré, versé bouillant sur des lames d'argent. Le nitrate d'argent se prépare par le même procédé, mais en employant l'acide nitrique. C'est ce sel fondu auquel on a donné le nom de *pierre infernale*. Les sels d'argent sont, comme je l'ai dit, les meilleurs réactifs pour indiquer la preuve de l'acide hydro-chlorique. On en peut aussi préparer une *poudre fulminante* qui, bien que moins violente que celle préparée avec l'or, n'en est pas moins fort dangereuse.

MERCURE. On le rencontre amalgamé à l'argent, combiné au soufre; et la facilité avec laquelle il se volatilise, le rend d'une extraction facile. Sa combinaison avec le soufre se présente sous deux états : noir; c'est alors qu'on le nomme *éthiops minéral :* rouge-violet on l'appelle, dans cet état, *cinabre.* Ce dernier sulfure de mercure est employé en peinture, sous le nom de *vermillon*. Exposé à l'air, il s'oxide à sa surface; mais, soumis à un feu violent, dans un vase hermétiquement fermé, il se réduit en un oxide que l'on nomme *précipité per se*. L'acide nitrique, l'acide hydrochlorique, l'acide sulfurique, ont la propriété de le dissoudre; il forme une énorme quantité de sels dont l'usage est toujours plus ou moins dangereux. Aucun métal n'a plus subi d'opérations que le mercure. Sa liquidité l'a rendu fort précieux pour l'usage des baromètres et pour l'étamage des glaces. (*Voyez* amalgame de mercure.)

Cuivre. On le rencontre dans la nature, à l'état natif, à l'état de sulfure, d'arseniure, de carbonate et d'hydrochlorate. Le cuivre pur, soumis au feu, s'oxide en écailles noirâtres : c'est le métal parvenu à l'état de peroxide. Il est employé dans les arts, à l'état de sulfate : c'est ce que l'on appelle, vulgairement, la *couperose bleue*. Dans cet état, il est styptique, corrosif, et très-vénéneux. C'est de l'acétate de cuivre que l'on extrait l'acide acétique concentré, connu sous le nom de *vinaigre radical*. L'emploi de ce métal est trop commun pour qu'il nous soit nécessaire de nous y arrêter, et nous renvoyons, pour le reste des détails, à l'article *alliages*.

Fer. Il se rencontre sous plusieurs états dans la nature ; il y est extrêmement abondant ; aucuns métaux ne rendent plus de services que lui. Il peut se combiner à l'oxigène en trois proportions : la première est jaune, la seconde noire et la troisième rouge. Dissous dans l'acide sulfurique, il produit un sulfate connu sous le nom de *couperose verte*, sel employé pour teindre en noir, et pour la fabrication de bleu de Prusse. En médecine, ses usages sont également très-nombreux : huit onces de noix de Galle, quatre onces de sulfate de fer, et autant de bois de campêche, trois onces de gomme arabique, une once de sulfate de cuivre et autant de sucre candi, mis à macérer dans douze livres d'eau, produisent une encre luisante indélébile.

ÉTAIN. Très-fusible et surtout prompt à s'oxider. Dissous dans l'acide-hydrochlorique, et étendu d'eau après être dissous, il forme l'hydro-chlorate d'étain, ou composition pour l'écarlate; car elle précipite la teinture de cochenille sous cette forme et la fixe sur les étoffes. Ce sel, uni à une solution de tan, donne la couleur *nankin* sur coton. On emploie ce métal pour une foule d'usages : soit pour étamer le cuivre, les glaces, ou pour la fabrication de vases, de cuillères, etc. En médecine il est peu usité : il y a peu de temps encore qu'on l'avait appliqué à la préparation du *moiré métallique*, qui n'est rien autre chose qu'une cristallisation d'étain en lamelles.

PLOMB. Il est également fort abondant dans la nature ; il se combine à l'oxigène en trois proportions ; le second degré d'oxidation est le *minium*, employé pour l'émail de la poterie de terre. Combiné à l'acide carbonique, il forme la *céruse*, employée dans la peinture; à l'acide acétique, il produit l'acétate de plomb, qui, à l'état de sous sel, est communément appelé extrait de Saturne. On en forme également un sulfure; mais, en général, c'est surtout à l'état métallique que ce métal est le plus employé.

Zinc. Ce métal est susceptible de se combiner à l'iode, au fluor et au soufre. C'est à l'aide de la pression qu'on le réduit en lames; par la malléation il se briserait. Mêlé au nitrate de potasse, il forme les *feux du Bengale* des artificiers, parce qu'il brûle avec une flamme très-éclatante. Chauffé fortement dans un creuset, il se réduit à l'état d'oxide; il peut également se dissoudre dans les acides minéraux pour donner naissance au sulfate et au nitrate de zinc. Depuis quelques années, on l'a employé à l'état métallique pour la fabrication de vases à l'usage domestique.

Cadmium. Il est en général peu usité; on l'extrait de l'oxide de zinc ou tutie. Il est analogue à l'étain par sa couleur et sa ductilité, et il est plus fusible et plus volatil que le zinc.

Bismuth. Vulgairement *étain de glace*. Uni à l'étain, il le durcit; il n'est guère employé que pour la préparation du sous-nitrate de bismuth, communément appelé *blanc de fard*.

Antimoine. On le rencontre rarement à l'état natif, mais il est facilement réductible. C'est l'un des métaux les plus anciennement connus; aussi est-il devenu l'objet de l'investigation des alchimistes. Dissous dans l'acide hydro-chlorique, il forme un sel déliquescent très-corrosif, que l'on emploie pour décaper le cuivre. C'est de sa combinaison avec l'acide hydro-sulfurique que l'on obtient le Kermès. Uni au tartrate acide de potasse, il forme l'émétique. On s'en sert également pour plusieurs autres préparations pharmaceutiques.

Cobalt. Il est presque toujours combiné à l'arsenic ; on ne l'emploie point en médecine. Dissous dans l'acide hydro-chlorique, il forme une *encre de sympathie* verte, qui ne paraît sur le papier qu'en le chauffant, et disparaît par le refroidissement. M. Thénard, en combinant trois parties d'alumine à une partie d'arseniate de cobalt par la calcination, a obtenu un bleu qui remplace l'*outremer* dans la peinture à l'huile.

NICKEL. Métal difficile à fondre, facilement oxigénable. Allié au fer, il empêche celui-ci de se rouiller. Légèrement magnétique. A peu près inusité.

ARSENIC. Métal, dangereux, gris, acidifiable, volatil, répandant une vapeur blanche avec odeur d'ail ; uni souvent au soufre. On en obtient deux acides ; l'acide arsenieux, l'acide arsenique. Ces acides, combinés à des bases, forment des sels employés en médecine contre la fièvre, mais à de très-faibles doses. L'arsenic combiné à l'hydrogène produit un gaz si délétère, qu'il est susceptible de donner la mort : le chimiste Bucholz en a été frappé, et est mort à l'instant.

Manganèse. Ce métal est dans la nature à l'état de peroxide ; c'est de lui que l'on extrait l'oxigène, soit en le chauffant, soit en le combinant à l'acide sulfurique. Fondu avec le borax, il donne un verre violet ; il a de plus la propriété, lorsqu'il est à l'état de peroxide, de détruire la matière colorante du verre vert fondu, et de le rendre incolore ; c'est de là qu'il a reçu le nom de *savon des verriers*.

Combiné à la potasse, il passe à diverses couleurs, ce qui l'a fait surnommer *caméléon minéral*. Il a du reste peu d'autres usages.

Tungstène. Découvert par Scheele, et nommé *Scheelin*. Il forme un acide et un oxide ; celui-ci est brun, l'acide est jaune. Sans usage.

Molybdène. Trouvé par Déluyart, en 1781. On l'emploie en peinture, à l'état d'oxide; il est bleu. Richter en a fait un acide qui, combiné à la chaux et décomposé par l'hydro-chlorate d'étain, donne un précipité que l'on nomme *carmin bleu*, bleu de Richter.

Columbium. Découvert par Hatchett, en Finlande et aux États-Unis. On en peut former un acide qui, comme le métal, est inusité.

Chrôme. Découvert par M. Vauquelin, en 1797. Il se fond en vert avec le borax. On l'emploie pour colorer en vert les émaux et la porcelaine. Son nom dérive de la facilité avec laquelle il communique ses couleurs. On en forme un acide qui, mélangé à l'acide hydro-chlorique, a la propriété de dissoudre l'or.

Les autres métaux sont trop peu connus pour qu'il me soit nécessaire de m'y arrêter; il suffira de les avoir consignés dans la nomenclature.

TROISIÈME PARTIE.

COMPOSÉS BINAIRES, OXIDES, ACIDES.

Sans nuire, par une concision exagérée, à l'intelligence des préceptes de la chimie, nous venons d'étudier succinctement toutes les bases sur lesquelles elle repose; nous allons procéder maintenant à l'examen des corps composés, et l'on pourra se convaincre de l'utilité des principes par les nombreuses applications qui vont en être faites. Nous commencerons par les combinaisons que peuvent former ensemble les corps simples combustibles; elles sont peu nombreuses. L'hydrogène s'unit au carbone en plusieurs proportions; mais ses combinaisons les plus importantes

sont l'hydrogène carboné et l'hydrogène carburé. Combiné avec le soufre,
il donne naissance à l'acide *hydro-sul-*
furique ; au phosphore, il forme *l'hy-*
drogène-phosphuré : ce dernier gaz a
une odeur d'ail extrêmement pronon-
cée. Le *carbone*, le *chlore*, l'*iode*, sont
susceptibles également de former ensemble des combinaisons ; mais il en
a été déjà question en traitant séparément de ces corps. Hâtons-nous donc
d'arriver aux combinaisons des corps
simples combustibles avec les métaux.
En somme, parmi les corps combustibles non métalliques, cinq d'entre eux
seulement, le soufre, le phosphore,
le chlore, l'iode et le sélénium, sont
susceptibles de se combiner avec tous
les métaux. L'hydrogène ne peut se
combiner qu'avec le potassium, l'arsenic et le tellure ; avec le potassium, il forme deux combinaisons,
l'une solide, *l'hydrure de potassium* ;
l'autre gazeuse, le *gaz hydrogène po-*
tassié : avec l'arsenic, il forme l'*hy-*

drure *d'arsenic* ; avec le tellure, il produit l'*hydrure de tellure* , etc.

L'azote ne se combine qu'au potassium et au sodium. Le bore s'unit au fer et au platine. Les combinaisons du soufre sont infiniment plus nombreuses.

Ce corps forme, avec tous les autres corps métalliques et non métalliques , de nombreux sulfures très - répandus dans la nature : les métaux se combinent avec le soufre en autant de proportions qu'ils peuvent se combiner avec l'oxigène , et les mêmes rapports d'oxigène qui existent entre les divers degrés d'oxidation se retrouvent dans les divers sulfures d'un même corps ; de sorte qu'il existe des *proto* , des *deuto* , des *tritosulfures* , comme il existe des *proto, deuto* et des *tritoxides*.

Le carbone s'unit au fer , mais on ne sait trop dans quelles proportions ; ce sont ces différentes combinaisons qui constituent l'acier , la fonte grise, la fonte noire et la plombagine. L'acier contient d'un à huit pour cent de carbone ; le meilleur acier est celui qui n'en contient qu'environ quatre pour cent. On appelle tremper l'acier, le plonger dans un liquide froid après l'avoir chauffé jusqu'au rouge ; en le laissant chauffer de nouveau, et le faisant refroidir lentement, on le détrempe. On varie la trempe des aciers par différens procédés, soit en les plongeant dans l'eau plus ou moins froide, soit en ajoutant un acide à l'eau, soit enfin en les enduisant d'un corps gras avant leur immersion dans l'eau. Le fer, privé de charbon, n'acquiert aucune propriété nouvelle par des opérations semblables. On connaît quatre espèces d'acier, qui sont l'*acier naturel*, l'*acier de cémentation*, l'*acier fondu*, l'*acier damassé*.

Il existe aussi quelques combinaisons du carbone avec l'étain, le cuivre et l'or ; en général, elles sont peu connues.

Quant aux phosphures métalliques, quelque nombreux qu'ils soient, puisqu'on en compte jusqu'à vingt-un, leur peu d'importance m'autorisera à ne pas m'y arrêter..

A la suite de ces combinaisons, je vais placer les alliages. Une grande quantité se rencontre à l'état naturel dans les mines. Ceux que l'art produit s'obtiennent en faisant chauffer ensemble, dans un creuset, les métaux qui doivent servir à les former. Les plus usités sont les alliages de cuivre et d'or, d'argent et de cuivre. Leurs proportions, qu'on appelle *titre*, sont determinées et surveillées par les lois. C'est de l'alliage du cuivre et de l'étain que l'on obtient le *bronze*, employé pour les canons et la sculpture, et de celui du cuivre et du zinc que l'on forme le *laiton*. Voici succinctement les différentes proportions admises dans les alliages.

Alliage d'argent. La monnaie d'argent en France est formée de neuf parties d'argent et d'une partie de cuivre. L'argent de vaisselle se compose de neuf parties et demie d'argent et d'une demi-partie de cuivre. Deux parties de cuivre et huit d'argent forment l'alliage des bijoux. L'or vert résulte d'une combinaison de : Argent, 292 parties ; or, 708 ; et le billon, d'une partie d'argent sur quatre de cuivre.

Alliage de cuivre. La monnaie d'or est composée en France de neuf dixièmes d'or et d'un dixième de cuivre. Les vases, les bijoux, contiennent des proportions de cuivre différentes, d'où résultent les trois titres de l'or de 920, 840 et 750 parties sur 1000 d'alliage.

Alliage de plomb. Le seul qui soit important à connaître, est celui dont on se sert pour les caractères d'imprimerie. Il est composé de vingt parties d'antimoine sur quatre - vingts de plomb.

Alliage d'étain. Ils sont très-nombreux : pour les canons, les médailles, on allie ensemble dix parties d'étain et quatre-vingt-dix parties de cuivre ; vingt-deux parties de cuivre et soixante-dix-huit d'étain pour le métal des cloches ; quatre-vingts de cuivre et vingt d'étain pour les *cymbales*, les *tam-tam* et les timbres des horloges. Du reste, l'étamage du cuivre ne peut pas être considéré comme un alliage; ce n'est qu'une feuille d'étain appliquée sur le cuivre par le moyen du frottement. L'étain nécessaire à cet alliage doit être lui-même un alliage de huit parties d'étain sur une partie de fer.

Les *amalgames* sont, à l'exception de deux, fort peu usités : je veux parler de celui d'étain, qui sert à l'étamage des glaces, et de celui d'or qu'on emploie pour dorer le laiton. On l'obtient coulant quand le mercure domine, et sec quand le métal auquel il est uni se trouve dans une plus grande proportion.

J'arrive maintenant à parler des oxides. On appelle ainsi tous les corps qui sont susceptibles de se combiner avec l'oxigène, quelle qu'en soit la proportion; c'est pour ces différentes proportions qu'ont été créés les mots de *proto*, *deuto*, *trito*, ou *per*, dont il a été question dans la nomenclature. Les caractères principaux des oxides non métalliques et métalliques sont, les premiers, de ne point se combiner assez complétement avec les acides pour qu'il en résulte des sels, et de ne pas rougir les couleurs bleues végétales; les seconds, c'est-à-dire les acides métalliques proprement dits, jouissent au contraire de la faculté de s'unir aux acides, pour qu'il en résulte des sels, qui sont plus ou moins neutres, quel que soit d'ailleurs leur degré d'oxidation.

On compte huit oxides non métalliques, savoir : le *protoxide* d'*hydrogène* ou eau; le *peroxide* d'*hydrogène*, eau oxigénée de M. Thénard; l'*oxide de carbone*, l'*oxide* de *chlore*, appelé par M. Davy, *enchlorine*; le *protoxide* d'*azote*, le *deutoxide* d'*azote* et l'*oxide de sélénium.*

Les oxides métalliques sont trop

nombreux pour qu'il me soit possible de les présenter tous et de faire l'histoire de chacun d'eux en particulier ; je me bornerai donc aux plus importans, c'est-à-dire à ceux qui dans les arts et en médecine jouent le plus grand rôle, d'autant que depuis les découvertes de Berzélius et de Davy, le nombre s'en est prodigieusement accru. Autrefois on ne considérait la chaux, la silice, la magnésie que comme des terres, la potasse et la soude que comme des alcalis. Dans ces derniers temps, les expériences des chimistes ont trouvé à tous ces corps un radical métallique ; ils ont donc dû ne plus les considérer que comme des oxides.

Quelques-uns de ces métaux tels que l'*aluminium*, le *magnésium*, etc., ont résisté à leurs travaux analytiques. Cependant il n'en est pas moins plus que probable qu'ils existent également. Leur extrême avidité pour l'oxigène a pu seule s'opposer à ce qu'ils parvinssent à les isoler. On ne devra cependant voir sous ces dénominations d'alumine, de silice, de magnésie, etc., que des métaux combinés avec l'oxigène, et la similitude qui existe entre l'ancien nom et le nouveau suffira pour rappeler d'où ces métaux sont extraits ou du moins de quelle substance ils peuvent l'être. Forcé de faire un choix dans l'immense liste des oxides métalliques, je vais successivement présenter l'histoire de ceux qu'il sera plus utile de faire connaître.

Oxide de cuivre. Cet oxide passe facilement à l'état de deuto-carbonate de cuivre, et ce n'est que sous cet état qu'on le rencontre dans la nature. On l'obtient en mettant en contact du marc de raisin et des plaques de cuivre chauffées. On les laisse séjourner pendant quelques jours, puis on lave ce mélange pour en extraire le cuivre qui n'aurait pas été entièrement dissous.

Peroxide de manganèse. C'est de lui

qu'on extrait, au moyen de la chaleur, le gaz oxigène, par la facilité avec laquelle il s'en sépare. Il est également employé dans la préparation du chlore.

Deutoxide de fer. On le connaît sous le nom d'*aimant* ; sa mine, assez peu riche en fer, n'est remarquable que par la propriété qu'elle a d'attirer le fer, l'acier, le nickel et le cobalt.

Deutoxide d'étain. Autrefois appelé *potée d'étain*. On l'employait jadis pour le poli des glaces. On l'obtient en chauffant dans un creuset de la cendrée, poussière qui se forme sur l'étain quand on en opère la fusion.

Deutoxide d'arsenic. On l'obtient pendant le grillage des mines arsénicales. C'est un poison violent, âcre, soluble dans quatre-vingts parties d'eau froide. Il est employé dans les arts pour fixer des couleurs sur les indiennes, et comme fondant dans les verreries ; il rend les métaux plus fusibles. Mais par une grande chaleur, il s'en sépare en se volatilisant et dégageant une odeur d'ail très-prononcée.

Protoxide et *peroxide de cobalt.* On l'emploie dans la coloration en vert et en bleu de la porcelaine. Il peut servir à la formation des *encres* dites sympathiques si on le fait dissoudre dans l'acide nitro-hydrochlorique.

Protoxide de plomb ou *litharge.* On obtient le jaune de Naples du mélange de cet oxide avec l'oxide d'antimoine. Dissous dans le vinaigre, il fournit le sel de Saturne employé dans les manufactures de toiles peintes. Le plomb à l'état de deutoxide est appelé *minium;* fixé sur les pots de terre en biscuit, il les vernit quand on les soumet à la *cuite.*

Protoxide de chrôme. Découvert par M. Vauquelin en 1797. Il est employé pour colorer en vert quelques émaux; son acide, uni à l'acide-hydrochlorique, jouit comme l'acide nitro-hydro-chlorique de la propriété de dissoudre l'or.

Oxide de bismuth. A l'état de sous-nitrate, il est employé pour blanchir la peau ; c'est un cosmétique qui n'est pourtant pas sans quelque danger, indépendamment de l'inconvénient qu'il présente de noircir quand il est exposé à l'action de l'hydrogène sulfuré.

Parlons avec quelques détails des quatre oxides métalliques terreux suivans, le silicium, le calicium, l'aluminium, et le magnésium, qui sont répandus en poussière sur le globle et qui s'accollent ensemble, pour former les sables, les cailloux, les marbres et les pierres précieuses. Si l'on pénètre plus avant dans la terre, on y rencontre les métaux oxidés ; mais à quoi attribuer ce phénomène, si ce n'est à la présence de l'oxigène, qui, comprimé long-temps, et venant tout d'un coup à sortir des entrailles de la terre, la déchire et produit ces mouvemens souterrains ou ces volcans qui répandent autour d'eux le feu et la flamme ? On aperçoit aussi des marbres qui, soumis à l'analyse, sont tous d'une composition identique ; comment donc expliquer ce phénomène qui a rapproché tant de molécules et donné à ces montagnes immenses une composition uniforme et des couleurs différentes ? On a prétendu que la chaleur opérait ces agglomérations. M. Berzélius, par un travail à peu près semblable à celui qui peut s'opérer dans le sein de la terre, est parvenu à dissoudre la silice, substance dure et compacte que rien avant cela n'ava t pu altérer.

Oxide de silicium. Terre vitrifiable ou *quartzeuse, silice.* Cet oxide est la base de tous les cailloux ; il est infusible au feu de nos forges. Il entre dans la composition des glaces, des cristaux et des verres communs. M. Berzélius a dit être parvenu à isoler la base de cet oxide qu'il ne considère pas comme un métal et qu'il nomme *silicone.*

Oxide de calcium, chaux. C'est une des terres les plus abondantes dans la nature, mais elle n'est presque jamais sans mélange et sans être combinée à quelque autre corps. Cet oxide n'est d'ordinaire usité qu'après avoir été privé par la chaleur de l'acide carbonique et de l'eau qu'il contenait ; mêlé au plâtre, il forme avec une solution de colle animale la pâte de stuc, qui sert à imiter les marbres. On ne peut enlever l'oxigène à cet oxide qu'au moyen de la pile voltaïque.

Oxide de magnésium ou *magnésie.* Bien qu'il existe dans un grand nombre de terres et de pierres, on ne l'en extrait cependant que du deuto-sulfate de magnésium en solution, dans la fontaine d'*Epsom*, en Angleterre, parce qu'il y est infiniment plus pur. A l'état de pureté, cet oxide est d'une blancheur éclatante et extrêmement léger. M. Davy prétend que l'oxigène, dans ce métal, est dans la proportion de cent parties sur soixante-six de métal.

Oxide d'aluminium ou *alumine.* On l'extrait de l'alun, car il ne se rencontre, dans la nature, qu'uni à des terres glaises et à des schistes. Le sodium et le potassium, à l'état d'oxide, ont la propriété de dissoudre celui d'aluminium, et de le transformer en gelée : il existe dans le rubis et le saphir.

Il existe encore quelques autres oxides, tels que ceux de *glucinium*, d'*yttrium*, de *zirconium*, de *thorinium*, de *strontium*, de *barium* et de *lithium*. Les quatre premiers ne sont point usités, et ne se trouvent qu'en très-petite quantité dans la nature ; les trois autres, infiniment plus abondans, ne sont pas plus employés ; il me suffira donc de les mentionner.

Je n'ai plus maintenant qu'à parler des oxides métalliques alcalins. Ils sont au nombre de deux : l'oxide de *potassium*, l'oxide de *sodium*. Nous avons déjà parlé d'un troisième alcali non moins important, l'ammoniaque.

Oxide de potassium ou *potasse*. Le potassium est susceptible de se combiner, avec l'oxigène, en trois proportions. Cependant le protoxide ayant été considéré, par quelques chimistes, comme un mélange de protoxide et de deutoxide, on n'admet habituellement que deux oxides ou potassium. Le protoxide, chauffé avec l'oxigène, s'enflamme et passe bientôt à l'état de peroxide. Il ne se dissout jamais dans les acides sans passer, au préalable, entièrement à l'état de deutoxide. En admettant trois degrés d'oxidation à ce métal, le premier degré ou protoxide se prépare en mettant en contact des parcelles de potassium avec le gaz oxigène. Il est arrivé à cet état, lorsque son poids est augmenté d'un dixième. Le deutoxide existe dans la nature combiné avec des acides ou bien encore avec d'autres oxides métalliques. On en peut séparer l'oxigène et le potassium, à l'aide de la pile voltaïque; le deutoxide de potassium sert à la préparation de la potasse caustique; le protoxide est employé dans la fabrication des savons mous, de l'alun à base de potasse, enfin à celle du nitre et du verre.

Oxide de sodium ou *soude.* On connaît trois oxides de sodium. La préparation de ce protoxide est semblable à celle du protoxide de potassium. Le deutoxide existe en grande quantité dans la nature, soit combiné avec l'acide hydro-chlorique dans l'eau de la mer, ou dans la cendre de varechs, et mélangé à une infinité d'autres sels. On l'obtient le plus habituellement des eaux de la mer, par double décomposition, c'est-à-dire en décomposant l'hydro-chlorate de sodium par l'acide sulfurique, et traitant par le charbon, qui à son tour décompose l'acide sulfurique et laisse à nu la soude que l'on purifie à l'aide de cristallisations réitérées.

Le protoxide de sodium est employé pour la fabrication des savons et le blanchîment des toiles. Uni à la silice on en fait les glaces et les verres.

Pour achever ce qu'il est indispensable de connaître de ces corps, je n'ai plus qu'à parler des compositions acides. Jusqu'ici, j'ai procédé toujours du connu à l'inconnu, décrivant toujours les substances dans un ordre tel qu'elles fussent bien définies, lorsqu'il serait nécessaire de les appeler pour les combinaisons chimiques. Ainsi l'étude des corps simples a précédé celle des composés, et, dans les composés, j'ai d'abord indiqué ceux qui devaient plus tard servir à la composition de nouvelles combinaisons.

Les acides fournis par les corps que nous venons d'étudier sont assez nombreux. En traitant de la chimie organique, nous en indiquerons un grand nombre d'autres. Ici il ne doit être question que de ceux fournis par les corps inorganiques.

On donne le nom d'acide à une substance solide ou gazeuse, douée d'une saveur aigre, de la propriété de neutraliser en tout ou en partie les alcalis ; de la faculté de rougir les couleurs bleues végétales. Il n'y a pas long-temps encore que les chimistes, pensant que l'oxigène existait seul dans la composition de tous les acides, le regardaient comme l'unique principe acidifiant; mais la découverte de sept acides, dont cinq sont formés par l'hydrogène uni à un ou deux corps simples, et deux par la combinaison de deux combustibles simples, change en entier les idées que l'on s'était formées des acides. La qualification de principe acidifiant est devenue, du reste, tout-à-fait inexacte; car, qui peut assigner cette propriété exclusivement à l'un des élémens d'un corps, lorsqu'on en a déjà trouvé quatre corps simples qui agissent à l'égard des autres comme principe acidifiant.

On compte environ dix-huit acides inorganiques principaux, savoir : l'acide *borique, carbonique, iodique, sélénique, fluorique, sulfurique, phosphorique, nitrique, chlorique, titanique, chromique, arsenique, molybdi-*

que, *colombique*, *hydro-sulfurique*, *hydriodique*, *hydro-chlorique*, *hydrosélénique*. Parmi ces acides, il en est beaucoup qui offrent plusieurs degrés d'acidification, et qui forment alors autant d'acides différens. Ainsi l'on connaît quatre acides de soufre; le même nombre d'acides de phosphore; trois qui résultent des différentes combinaisons de l'azote avec l'oxigène : le chlore peut également en former deux. L'arsenic et le molybdène sont aussi susceptibles de deux degrés d'acidification. Faisons un choix parmi tous ces acides, et parlons de ceux qui sont le plus employés dans les arts.

Oxacide. *Acide nitrique* ou *azotique*, vulgairement *eau-forte*. Il est liquide, incolore, transparent, doué d'une odeur désagréable qui lui est particulière, et d'une saveur excessivement acide. Il rougit la teinture de tournesol, et tache la peau en jaune, avant de la décomposer. Il n'existe, dans la nature, qu'à l'état de combinaison avec la chaux, la potasse et la magnésie. Il est composé d'azote et d'oxigène. On l'obtient de la décomposition du nitrate de potasse par l'acide sulfurique. Il est employé pour dissoudre certains métaux, pour laver les boiseries, et comme réactif. Il agit sur les organes à la manière des substances âcres et corrosives, en laissant sur les lèvres et sur quelques parties du canal digestif des traces jaunâtres. Le meilleur antidote à lui opposer, est la magnésie calcinée; à son défaut, on peut employer, avec succès, l'eau de savon ou le carbonate de chaux, délayé dans de l'eau. Si l'on soustrait à l'acide nitrique une certaine quantité de son oxigène, il passe à l'état d'acide nitreux.

Acide sulfurique, vulgairement *huile de vitriol*. On le rencontre dans la nature uni à la chaux, à la potasse, à la soude, etc. On le trouve également ment dans plusieurs grottes voisines des volcans; mais ce n'est d'aucuns de

ces lieux ni d'aucunes de ees substances qu'on a extrait celui que l'on
rencontre dans le commerce. Ce dernier s'obtient de la combustion du
soufre et du nitrate de potasse mélangés sur une plaque en fonte, au
milieu d'une chambre de plomb, dont
le sol, incliné, est légèrement recouvert d'eau. On chauffe la plaque de
fonte, la majeure partie du soufre se
transforme, aux dépens de l'air, en acide sulfureux; l'autre partie décompose
l'acide du nitrate de potasse; l'oxigène de ce dernier acide vient se combiner à l'acide sulfureux, pour former
l'acide sulfurique qui se répand sur les
parois de la chambre, et vient couler
par des robinets qui y sont pratiqués.
Dans cet état il n'est point assez concentré pour être livré au commerce;
mais on le distille dans un alambic de
platine jusqu'à ce qu'il marque 66° à
l'aréomètre de Baumé. Il sert à la préparation de plusieurs acides, et est
employé pour dissoudre l'indigo. Les

tanneurs s'en servent pour faire gonfler les peaux. C'est le meilleur réactif que l'on connaisse pour indiquer la présence de la baryte. Si on lui soustrait une certaine quantité d'oxigène, à l'aide du charbon, on obtient l'acide sulfureux, employé avec tant d'avantage pour le blanchîment de la laine et de la soie. M. Thénard a découvert tout récemment un nouvel acide sulfurique, qu'il nomme *acide sulfurique oxigéné*. Il est sans usage.

Hydracides. *Acide hydro-chlorique,* autrefois *esprit de sel fumant.* Cet acide existe dans un assez grand nombre d'eaux thermales de l'Amérique; mais il se trouve plus souvent combiné avec les oxides alcalins et terreux, séparé de substances qui le contiennent; il est gazeux, incolore, d'une odeur suffoquante et d'une saveur caustique. Exposé à l'air il se répand en vapeurs blanches et épaisses. Il est décomposé en hydrogène et en chlore gazeux, par des décharges électriques. On l'extrait de l'hydro-chlorate de soude (sel marin), à l'aide de l'acide sulfurique ; on le reçoit dans des vases contenant de l'eau, où il se dissout rapidement, et on l'emploie pour la dissolution de l'or, en le mêlant avec l'acide nitrique, et pour séparer la chaux de l'indigo que l'on retire du pastel.

Acide hydriodique. Il s'extrait de l'iodure de phosphore; l'iode se combine à l'hydrogène de l'eau employée dans cette opération. C'est à M. Gay-Lussac que l'on doit la découverte de cet acide; elle date de 1814. Il est à peu près sans usage. On ne l'emploie que combiné à la potasse pour la guérison des scrophules et des goîtres.

Les acides dont nous venons de faire rapidement l'histoire, exercent une grande action sur l'économie animale; ils sont d'une haute importance dans les arts. Nous allons maintenant passer à l'étude de leurs combinaisons avec les alcalis et les oxides avec lesquels ils forment une infinité de sels dont un

grand nombre sont employés en médecine et pour les manufactures.

QUATRIÈME PARTIE.

SELS. *Combinaisons ternaires et qua-
ternaires.*

PRESQUE tous les sels sont composés
d'un acide, et d'un et quelquefois
même deux oxides métalliques. On
appelle *sel double* celui qui renferme
deux oxides; quant aux composés que
l'on désigne sous le nom de *sels neutres, sur-sels, sous-sels,* ces différentes
dénominations ont été déjà expliquées
lorsqu'il a été question de la nomenclature. Les oxides métalliques qui se
combinent avec les acides sont appelés
bases. Enfin on entend par sel la
combinaison d'un acide avec une base

dont le résultat est un nouveau composé, plus ou moins neutralisé, qui ne participe plus des propriétés qui caractérisaient les corps qui lui ont donné naissance. Les sels sont ou liquides, ou solides, d'une couleur et d'une cohésion variables. Les uns sont sapides et les autres insipides. Ils sont cristallisés ou pulvérulens, d'une solubilité variable, inodores, ou odorans.

La solubilité des sels dépend toujours de leur affinité pour l'eau et de leur degré de cohésion. Cette dernière propriété (la cohésion) régit plus généralement leur degré de solubilité. Ainsi il arrive quelquefois qu'un sel qui a plus d'affinité pour l'eau se dissolve plus difficilement qu'un autre qui en a moins, si la cohésion du premier est plus forte. L'eau chargée d'un sel quelconque entre plus difficilement en ébullition que si elle était pure. En général, la dissolution d'un sel s'opère en plus grande proportion et avec plus de facilité dans l'eau chaude que dans l'eau froide. C'est pourquoi l'eau en se refroidissant, lorsqu'elle en a été saturée, les laisse déposer en cristaux, s'ils étaient cristallisables. Pour obtenir de belles cristallisations, on doit cependant se garder d'en charger l'eau trop abondamment, sans quoi les sels déposeraient en masse, c'est-à-dire sans se parer des belles formes cristallines que quelques-uns sont susceptibles d'affecter, lorsqu'on y procède dans des proportions convenables. Si l'on mêle ensemble un sel soluble, tel que le nitrate de potasse, ou l'hydrochlorate de sodium à de la glace pilée et dans des proportions convenables, le mélange se liquéfie et produit un froid plus considérable que celui de la glace ordinaire. C'est, comme je l'ai dit à l'occasion du calorique latent, une certaine portion du calorique absorbé pour amener le sel de l'état solide à l'état liquide. En général, plus un sel a d'affinité pour l'eau, plus le froid qu'il produit est considérable. Ainsi un mé-

lange de trois parties d'hydro-chlorate
de chaux et une partie de neige est susceptible de faire descendre le thermomètre de 58° au-dessous de zéro.
L'air exerce également sur les sels une
action remarquable. Tous les sels insolubles sont inaltérables à l'air; il
n'en est pas de même des sels solubles;
quelques - uns, tels que l'alun (*sur-
sulfate de deutoxide d'aluminium*), le
deuto-sulfate de cuivre , etc., n'éprouvent en effet aucune altération à l'air
sec; mais, soumis à l'air humide, ils sont
tous plus ou moins susceptibles de
tomber en *deliquium*. Les sels à base de
soude sont plus ou moins *efflorescens*,
c'est-à-dire que leur peu de cohésion ,
la grande quantité d'eau de cristallisation qu'ils contiennent , le peu d'affinité qu'ils ont pour ce liquide, les fait
s'en séparer. Ils s'effleurissent, c'est-à-
dire qu'ils se réduisent en une poudre blanche; ils ont perdu en poids
ce qu'ils ont acquis en énergie; car,
du reste, aucune décomposition n'a

eu lieu. Le calorique est doué de la propriété de faire fondre dans leur eau de cristallisation les sels *déliquescens* et *efflorescens*; ils éprouvent alors la *fusion* aqueuse. Si l'on pousse l'opération plus loin, une fois toute leur eau évaporée, ils passent à la *fusion ignée.* Les sels qui ne sont ni efflorescens ni déliquescens décrépitent sur le feu, c'est-à-dire qu'ils font entendre un bruit semblable à celui de la scintillation que produisent des étincelles qui s'échappent du charbon. On attribue ce bruit à la vaporisation de leur eau de cristallisation et à la séparation de petites molécules salines. Enfin la chaleur, poussée à un plus haut degré, décompose tous les sels.

L'action des acides sur les sels est plus remarquable. Parmi ceux-ci, il en est qui jouissent de la propriété de les décomposer, tantôt en s'emparant de la totalité de l'oxide qui leur servait de base, pour former un nouveau sel, tantôt en en décomposant une partie, et donnant naissance à deux sels. Les oxides métalliques ont parfois sur les sels la même influence, surtout quand on met en contact un oxide métallique avec un sel dont l'acide a plus d'affinité pour cet oxide qu'il n'en avait pour celui avec lequel il était combiné. Dans certains cas cette affinité est telle, que le sel est entièrement décomposé ; dans d'autres il n'y en a qu'une partie ; c'est alors qu'il se forme des *sels doubles*, c'est-à-dire à un acide et à deux bases.

La préparation des sels peut être soumise à des règles générales. Les principaux procédés à l'aide desquels on peut les obtenir sont les suivans : 1° en mettant en contact direct les oxides avec les acides. Exemple : *hydro-chlorate de fer*, etc.; 2° en substituant aux oxides les carbonates de la même base comme pour le *deuto-sulfate de fer*, etc.; 3° par les lois de double décomposition, c'est-à-dire en faisant réagir l'acide d'une base sur celui d'une autre. Exemple : *Acétate de zinc*, etc. ; 4° en faisant dissoudre les métaux dans les acides concentrés, comme on en agit pour le nitrate d'argent, de mercure, etc. ; 5° en mettant en contact des métaux avec les acides affaiblis, ce que l'on fait pour une grande quantité de nouveaux sels.

Après ces généralités, procédons à l'étude des différens genres de sels.

GENRE BORATE. Ces sels, ou au moins la plus grande partie, sont insolubles dans l'eau ; au feu ils se fondent dans leur eau de cristallisation et se vitrifient sans se décomposer. Parvenus à une haute température, les borates ne sont décomposés que par les acides fixes. Ils sont en général peu solubles. Une grande partie des acides minéraux décomposent les sous-borates. C'est sur cette propriété qu'est fondée la préparation de l'acide borique que l'on extrait du sous-borate de soude en le décomposant par l'acide sulfurique. Ce dernier acide se combine à la soude, forme un sulfate de cette base ; l'acide borique mis à nu se dépose. Le seul des sous - borates employé est celui de soude ; on s'en sert pour faciliter la soudure des métaux par la propriété qu'il a de les maintenir décapés. On le fabrique en Europe. Cependant il en vient de naturel de l'Inde, qui porte dans le commerce le nom de *tinckal*.

GENRE CARBONATE. Si l'on en excepte ceux de baryte, de soude et de potasse, les carbonates qui se trouvent dans la nature sont tous décomposés par la chaleur. Les acides ont également la propriété de les décomposer en s'emparant de leurs bases, et en dégageant leur acide. On a mis cette faculté des acides à profit, afin de recueillir l'acide carbonique qui, comprimé dans ses solutions salines, donne naissance aux *eaux minérales acidules artificielles*, devenues depuis quelques années l'objet d'un commerce assez étendu. Les sous-carbonates sont ex-

trêmement nombreux. Si on fait passer dans une solution de carbonate de
potasse ou de soude un courant de gaz
acide carbonique, on amène bientôt
ces sous-sels à l'état neutre. Le carbonate de potasse n'est plus déliquescent.
Le sous - carbonate d'ammoniaque,
dont on connaît l'odeur vive et pénétrante, peut également cesser de
l'être si on le neutralise entièrement;
mais ce résultat est bien difficile à obtenir. Les carbonates les plus employés
sont ceux de *chaux*, pour la préparation de la chaux vive, de *plomb* ou
céruse pour la peinture, de *soude*
pour la préparation des savons et des
verres, et d'*ammoniaque* dans l'art du
teinturier.

GENRE PHOSPHATE. Soumis à l'action
du feu, ces sels se comportent à peu
près comme les sous-borates. Presque
tous les acides ont la propriété de les
transformer en phosphates acides par
le peu d'affinité que les bases ont pour
l'acide phosphorique : c'est d'un phos-

phate acide mis à nu, chauffé jusqu'à rouge avec le charbon, que l'on extrait le phosphore. L'acide nitrique dissout presque tous les phosphates insolubles et les décompose. On les obtient en décomposant par l'acide sulfurique les os des animaux calcinés, et combinant alors les différentes bases avec l'acide phosphorique séparé, par ce procédé, de la chaux avec laquelle il était uni. On connaît aussi des phosphites. Ce sont, comme le nom l'indique bien, des sels qui résultent de la combinaison des bases avec l'acide phosphoreux, acide moins oxigéné que l'acide phosphorique. Ces sels ont la propriété, mis sur des charbons incandescens, de produire une flamme d'un beau jaune. Ils peuvent être ramenés à l'état de phosphates en les faisant bouillir avec de l'acide nitrique qui se décompose et leur cède une portion de son oxigène.

GENRE SULFATE. Les sels que comporte ce genre sont les plus nombreux qu'offre la nature. Il en est parmi eux, tel que le sulfate de chaux, qui forment des montagnes immenses. La pierre à plâtre n'est rien autre que ce dernier sel. Les caractères généraux des sulfates sont les suivans : Le carbone et l'hydrogène enlèvent l'oxigène à l'acide de toutes les sulfates ; à une température élevée, tous les sulfates, excepté ceux de baryte d'étain, d'antimoine, de plomb, de mercure, de strontiane, de chaux, de zircone, d'yttria, de cérium et d'argent, qui sont insolubles ou à peu près, tous les autres sulfates, dis-je, sont solubles. Aucun d'eux, excepté le sulfate d'argent, qui est décomposé par l'acide hydro-chlorique, ne peut l'être à la température ordinaire. Le nombre des espèces usitées est très-considérable. La médecine en emploie une très-grande quantité. Les *sulfates de magnésie*, de *potasse*, de *soude*, sont employés comme purgatifs ; les arts en ont mis aussi un grand nombre en usage. C'est à l'aide du *sulfate* d'alumine et de potasse que l'on est parvenu à fixer les couleurs sur les tissus; au moyen du *sulfate de fer*, que l'on a formé les couleurs noires et grises, l'encre, etc.; à l'aide du *sulfate de cuivre* employé en médecine, comme escarrotique, on a formé les cendres bleues et le vert de Scheele: mais c'est surtout du *sulfate de chaux* dont on fait le plus grand usage, soit dans la construction des maisons, soit pour former le plâtre des modeleurs et pour *amender les terres*. On est encore parvenu à lui donner le blanc de l'albâtre, et peu de personnes savent que les ornemens sculptés qui décorent les magasins des horlogers ne sont rien autre chose que du sulfate de chaux qui n'a point été soumis à l'action du feu. Il existe aussi un genre *sulfate* facilement décomposable; ce n'est toujours qu'un sulfate, moins une certaine quantité d'oxigène.

GENRE IODATE. Les iodates sont des

combinaisons d'acide iodique avec les bases; ils sont peu nombreux et peu usités. Ils sont facilement décomposables, soit par la chaleur ou par l'addition de l'acide sulfurique.

GENRE CHLORATE. Ils sont tous décomposés par le feu, et transformés en gaz oxigène et en sous - chlorures métalliques. Les chlorates étudiés jusqu'à présent sont susceptïbles de fuser sur les charbons incandescens. Mélangés à des substances oxigénées, telles que le charbon, le phosphore et le soufre, quelques-uns d'entre eux, et notamment celui de potasse, forment des combinaisons qui détonnent avec violence par la percussion. Trois parties de chlorate de potasse, autrefois *muriate suroxigéné de potasse*, et une partie de soufre triturées ensemble, produisent une détonation très-forte. Il est utile de prévenir les lecteurs de ne jamais se permettre ces expériences ; elles sont trop dangereuses. Les allumettes oxigénées ne sont autre chose que des allumettes ordinaires, au bout desquelles, à l'aide d'une gomme, on a fixé une petite quantité de chlorate de potasse ; plongées dans l'acide sulfurique, elles s'enflamment instantanément. Mélangé en certaines proportions avec nitre, cinquante-cinq parties, soufre, trente-trois parties, lycopode, dix - sept parties, le chlorate de potasse forme une poudre qui, susceptible de s'enflammer par la percussion, est employée pour servir d'amorce aux fusils à pistons.

Tous les chlorates, excepté le protochlorate de mercure, sont solubles dans l'eau. Une grande partie des acides minéraux peuvent les décomposer tous à des degrés de températures variables.

Genre nitrate. Tous les nitrates, sans en excepter un, sont décomposables par la chaleur, quand on les expose à l'incandescence du charbon. Ils fusent tous ; et l'oxigène de l'acide nitrique, principe constituant des nitrates, est absorbé par le charbon pour former de son côté une certaine quantité d'acide carbonique, qui se volatilise et éteint le charbon sur lequel la fusion s'est opérée ; car on a vu précédemment que l'acide carbonique avait la propriété d'éteindre tous les corps enflammés ou en ignition. L'acide sulfurique a également la propriété de décomposer à froid tous les nitrates ; c'est sur cette faculté qu'est fondée la préparation de l'acide nitrique. Parmi les nitrates , employés dans les arts et en médecine, on ne compte guère que les *nitrates* de *potasse*, de *mercure*, d'*argent* et de *bismuth*. Le nitrate de potasse entre dans la composition de la poudre à canon ; il est connu vulgairement sous le nom de *salpêtre*, ou de *sel de nitre*. Douze parties et demie de charbon , autant de soufre, soixante-quinze parties de nitrate de potasse forment cette poudre. On attribue la détonation que les poudres fulminantes produisent , quelle qu'en soit la nature, à la réaction de leurs élémens, qui donnent un grand dégagement de gaz au moment où ils se désunissent. La médecine emploie ce sel comme diurétique. Quant au *nitrate de mercure*, il n'est guère employé qu'en médecine, combiné à de la graisse pour la guérison de la gale ou de quelques autres maladies cutanées. Le nitrate d'argent n'a presque pas non plus d'autres usages qu'en médecine ou dans les laboratoires de chimie, où il est employé comme réactif; dans le monde il est connu sous le nom de *pierre infernale*. Le nitrate de bismuth, qui, à proprement parler, n'est qu'un oxide avec une très-légère quantité d'acide, n'a que des usages cosmétiques, qui ont été indiqués en traitant des métaux.

Genre hydro-chlorate. L'histoire de ces sels est, pour ainsi dire, attachée à celle des *chlorures*; car la soustraction de l'eau de cristallisation des hydro-chlorates les amène à l'état de chlorures, et l'addition d'eau aux chlorures les constitue hydro - chlorates. Parmi ces derniers, les plus employés sont sans contredit l'*hydro - chlorate de soude* (sel marin) et le *proto-hydro - chlorate d'étain*. Le premier est très - abondamment répandu dans la nature, soit à l'état solide, en couches très - considérables ; il porte alors le nom de *sel gemme;* soit en solution dans les eaux de la mer.

Ces usages sont trop connus et trop multipliés pour qu'il soit utile d'entrer à ce sujet dans d'autres détails. Le proto-hydro-chlorate d'étain est employé comme mordant dans la teinture écarlate et dans les fabriques de toiles peintes. De sa réaction sur l'hydro-chlorate d'or, se précipite une substance pulvérulente, nommée *poudre de Cassius*, dont on obtient les couleurs bleue, rose et pourpre, sur la porcelaine. Je n'omettrai pas l'hydro-chlorate d'ammoniaque, vulgairement *sel ammoniac*, que l'on obtient en décomposant le sulfate d'ammoniaque par le sel marin. On l'emploie pour décaper le cuivre, quand on veut l'étamer, et en médecine, comme un fondant. C'est de lui que l'on extrait l'ammoniaque connue sous le nom d'*alcali volatil*.

Les chlorures les plus employés sont ceux de *calcium* et de *mercure*. Dans ces derniers temps, M. La Barraque a trouvé le moyen de prévenir la décomposition des matières animales et d'assainir les corps, déjà putréfiés, par des lotions réitérées de chlorure de calcium ; découverte qui lui a mérité un prix, fondé par M. de Montyon aux auteurs des découvertes les plus importantes. Le mercure, dans les chlorures, est susceptible de deux degrés d'oxidation : le premier degré, ou proto-chlorure de mercure, est le *calomélas*, ou *mercure doux* ; et le deuto - chlorure est le *sublimé corrosif*. Il est important surtout de

ne pas confondre ces deux préparations. La première est insoluble dans
l'eau ; la seconde, au contraire, est
très-soluble dans ce liquide. On recon-
naît la présence du calomélas en ce
que, mélangé à de l'eau de chaux, il
donne lieu à un oxide noir. Le sublimé
corrosif, mêlé à ce même liquide,
donne lieu à un précipité jaune orangé.
Ce mélange est connu en médecine
sous le nom d'*eau phagédénique*, liqueur dont on se sert pour la guérison
des ulcères vénériens.

Ici se termine tout ce qu'il était important de dire sur la chimie miné-
rale. Sans doute il eût été possible de
s'étendre davantage ; peut - être des
développemens plus longs auraient
éclairci quelques points dont l'obscurité ne peut être rapportée qu'à l'exi-
guité de notre cadre : cependant, pour
peu qu'on veuille lire avec attention
les généralités auxquelles je me suis
attaché de donner le plus de clarté

possible, on pourra, sans autre guide, expliquer des phénomènes qui ne sont pas mentionnés dans ce résumé. Au reste, la chimie organique, qui deviendra l'objet d'un traité particulier, achèvera d'instruire le lecteur de toutes les combinaisons chimiques. Ce qu'il ne faut pas perdre de vue, c'est que les lois générales, auxquelles les minéraux sont soumis dans leurs combinaisons, peuvent s'appliquer aux lois qui régissent la chimie des corps organiques. Ce traité peut donc être considéré comme un résumé de préceptes qui recevront ailleurs des applications fréquentes, et où l'on pourra toujours trouver une solution aux questions qui se présenteront. Afin de concourir, autant qu'il est en mon pouvoir, au but que l'éditeur de cette *Bibliothèque* s'est proposé, c'est-à-dire pour faciliter l'étude des sciences à toutes les classes de la société, je terminerai ce petit traité élémentaire par un vocabulaire où les expressions techniques qui sont employées dans cet ouvrage vont être mises à la portée de tous les lecteurs.

FIN.

VOCABULAIRE

TECHNOLOGIQUE.

A

Absorption, soustraction d'un corps à un autre.

Acidifians, propriété des comburens.

Agrégations, rapprochement, union.

Agens, puissances chimiques.

Alambic, instrument employé pour la distillation.

Alliage, union de métaux.

Amalgame, union d'un métal avec le mercure.

Amender, se dit des terres sur lesquelles on répand de la chaux, du plâtre ou du fumier.

Atomes, parties des corps très-divisés.

Attraction, force qui tend à réunir les corps.

B

Base, substance qui sert d'élément à un sel.

Batteries, réunion de piles voltaïques.

Brasures, soudure de deux lames métalliques par le cuivre.

C

Calorique, force, répulsion, qui tend à décomposer.

Chalumeau, tube que l'on dirige sur la flamme pour augmenter l'intensité de la chaleur.

Combinaison, union de deux corps, d'où résulte un composé nouveau.

Combinés, corps réunis et changés de nature.

Comburens, corps qui soutiennent la combustion.

Conducteurs, corps qui propagent la chaleur et l'électricité.

Contact, rapprochement de deux corps.

Corps, réunion de molécules.

Corps brûlés, oxides métalliques.

— *impondérables*, le calorique et l'électricité.

— *pondérables*, ce sont les liquides, les solides et les gaz.

D

Décaper, enlever aux métaux les oxides qui les recouvrent.

Décomposition, dissociation des élé- mens d'un composé.

Décrépiter, soustraction de l'eau que renferment les cristaux des sels par la chaleur.

Deliquium, état des sels qui absor- bent l'humidité de l'air.

Dilater, séparer par la chaleur les molécules d'un corps.

Dissolution, mélange intime d'un corps dans un liquide qui a changé les propriétés du liquide et du corps dissous.

E

Eau acidulée, eau légèrement mélangée d'un acide.

Efflorescence, état d'un sel qui a perdu son eau de cristallisation à l'air libre.

Etiolé, végétal jauni en poussant à l'abri de la lumière.

F

Fluides, se dit des liquides ; on nomme les gaz des fluides élastiques.

Fuser, c'est le bruit que fait entendre le nitre sur les charbons.

Fusion, opération que l'on fait subir aux sels en les fondant dans leur eau de cristallisation.

Fusion ignée, la même poussée jusqu'au rouge.

Fusible, corps qu'il est possible de fondre.

G

Genre, réunion d'espèces.

Grillage, opération que l'on fait subir

aux métaux pour les débarrasser des impuretés que le feu peut détruire.

H

Hydracides, acides formés par la combinaison de l'hydrogène.

I

Ignition, se dit d'un corps au moment où il brûle.

Incandescence, chaleur poussée jusqu'au rouge.

Infusum, produit d'une infusion.

Insipide, qui est sans saveur.

Insoluble, corps qui ne peut être fondu dans un liquide.

L

Latent, se dit de la chaleur qui échappe aux instrumens.

Lumineux, corps qui répand la lumière.

M

Mélange, union de corps, sans qu'il en résulte de combinaisons.

Minéralisateur, substance propre à l'extraction des métaux.

Minéraux, corps inorganiques, ou sans vie.

Molécules, parties élémentaires des corps.

Mucus, substance gommeuse et onctueuse au toucher.

N

Neutraliser, changer l'état d'un corps par sa combinaison avec un autre.

Neutre, se dit d'un sel quand il n'est ni acide, ni alcalin.

Nomenclature, noms et classification des corps simples.

O

Oxacides, acides formés par l'oxigène.

Oxidation, influence de l'oxigène sur les métaux.

P

Parois, côtés intérieurs d'un vase.

Percussion, choc violent produit à l'aide d'un pilon.

Précipité, corps insoluble qui se dépose au fond d'un liquide par le repos.

Phénomène, effet curieux d'une expérience chimique.

Pôle positif, extrémité de la pile qui regarde le disque de zinc, et où vont se rendre les corps électrisés négativement.

Pôle négatif, autre extrémité qu regarde le disque de cuivre, et reçoit les corps électrisés positivement.

Pression, affinité mécanique, capable de changer l'état des corps.

Putréfaction, dissolution des corps organiques.

Pyrites, minéraux siliceux.

R

Radical, composant combustible d'un oxide ou d'un alcali.

Réactifs, corps employés pour analyser des substances inconnues.

Réactions chimiques, jeu des affinités.

Réductibles, oxides métalliques dont on peut extraire les métaux.

Réservoir commun, se dit du globe terrestre.

S

Sapide, qui est doué de saveur.

Sédiment, dépôt qui se forme dans un liquide.

Sels, combinaison d'un acide et d'un oxide.

Solutions, passage de l'état solide à l'état liquide d'un corps sans décomposition.

Spirale, série d'anneaux en tire-bouchon.

Succédanés, corps qui se succèdent immédiatement.

T

Toxicologie, traité des poisons.
Tube, tige de verre creuse dans son intérieur.

V

Vapeur, eau réduite à l'état gazeux.
Varechs, végétation maritime dont on extrait la soude par iucinération.

FIN DU VOCABULAIRE.

TABLE.

TROISIÈME PARTIE.

QUATRIÈME PARTIE.

FIN DE LA TABLE.